PANZERBÜCHSEN SEIT 1918

ENTWICKLUNG – TYPEN – TECHNIK

MICHAEL HEIDLER

VISIER
Motor buch Verlag

Einbandgestaltung: Frank Zähringer

Bildnachweis: Die zur Illustration dieses Buches verwendeten Aufnahmen stammen, wenn nicht anderes vermerkt, vom Verfasser.

ISBN: 978-3-613-04420-3

1. Auflage 2021

Sie finden uns im Internet unter www.motorbuch-verlag.de

Lektorat: Sebastian Quillmann
Innengestaltung: Jürgen Knopf, Medien und Printprodukte, 74321 Bietigheim
Druck und Bindung: Graspo CZ, 76302 Zlin
Printed in Czech Republic

Vorwort

Wie viele andere Kriege, so hatte auch der Erste Weltkrieg einen enormen Schub für Wissenschaft und Industrie bewirkt. Immer neuere und effektivere Waffen kamen an die Front, wie etwa Maschinenpistolen, Unterseeboote, Flugzeuge – und Panzer. Seit die Westfront im Stellungskrieg erstarrte, fehlte ein probates Mittel, die gegnerische Verteidigung zu durchbrechen und wieder in den Bewegungskrieg überzugehen.

Die britische Seite begann deshalb Anfang 1915 mit der Entwicklung und Erprobung eines gepanzerten und bewaffneten Kettenfahrzeugs. Aus Geheimhaltungsgründen wählte man die unverfängliche Bezeichnung »Tank«, die sich im englischen Sprachraum bis heute gehalten hat. Deutscherseits nannte man die Gefährte bald Panzerkampfwagen oder schlicht Panzer.

Am 15. September 1916 wurden die Tanks zum ersten Mal von der 4. Britischen Armee bei Flers an der Sommefront eingesetzt und sollten die vorderste deutsche Linie zwischen Courcelette und Combles aufreißen. Der Anblick dieser neuartigen Kriegsgeräte sorgte bei den deutschen Verteidigern zunächst für Entsetzen, doch blieben bereits am selben Tag zahlreiche Tanks mit technischen Defekten liegen, während andere der deutschen Artillerie zum Opfer fielen.

Da der Angriff in völlig ungeeignetem Trichtergelände mit nur 32 einsatzfähigen Tanks auf 25 Kilometer Breite erfolgte, blieb der erhoffte Erfolg aus, obwohl es auf deutscher Seite keinerlei spezialisierte Abwehrwaffen gegen gepanzerte Fahrzeuge gab. Während sich die Truppe mit Feldgeschützen und Improvisationen behelfen musste, versäumte es das deutsche Kriegsministerium, schnellstens auf diese neue Gefahr zu reagieren und für geeignete Abwehrwaffen zu sorgen. Entsprechende Entwicklungen, wie etwa das Tankgewehr von Mauser, kamen zu spät, als dass sie noch eine entscheidende Rolle gespielt hätten.

Es blieb also beim Kampf »Männer gegen Maschinen«, wie die zeitgenössische Presse so gerne titelte, in dem jeder Panzer einzeln im Nahkampf mit einfachsten Mitteln niedergekämpft werden musste. Hand- und Gewehrgranaten zerknallten oftmals wirkungslos an der Panzerung, wenn nicht zufällig eine empfindliche Stelle getroffen wurde. Was fehlte, war die Umsetzung einer Entdeckung, ohne die die heutige Panzerabwehr undenkbar wäre: Das Hohlladungsprinzip. Doch bis dahin war es noch ein weiter Weg.

Dieses Buch zeigt die internationale Geschichte der Panzerbüchsen von den Anfängen im Ersten Weltkrieg bis hin zu den modernen »Anti-Material Rifles«.

An dieser Stelle möchte ich wieder allen hilfsbereiten Personen und Institutionen danken, die mich bei dieser Arbeit unterstützt haben.

Neben einem Dank an meinen Autorenkollegen Alexander Losert geht noch ein besonderer Dank für Fotos und technische Informationen an Christopher Bailey, die Herren Alex MacKenzie und Richard Colton vom Springfield Armory Museum, Jonathan Ferguson vom National Firearms Centre Leeds, Jan Skramoušský vom Militärmuseum Prag, das Militär- und Festungsmuseum Full-Reuenthal, das Königliche Armeemuseum in Brüssel, das Buffalo Bill Center of the West Museum in Cody, Morphy Auctions (ehemals James D. Julias Auctions) und die Rock Island Auction Company und die Lions of Rojava.

Viele hervorragende Fotos habe ich auch diesmal wieder meiner Frau Claudia zu verdanken.

Abbildungen ohne Herkunftsnachweis stammen aus dem Archiv des Autors oder von hilfsbereiten Personen, die nicht namentlich genannt werden möchten.

Michael Heidler, Steinheim, 2021

Inhalt

Die finnische Lahti L-39, die auch auf dem Cover dieses Buches zu sehen ist, beeindruckt mit ihren über 2,20 Metern Länge. Mehr zu dieser Waffe lesen Sie ab Seite 90. [SA KUVA]

Geschichte & Technik

Dem wenig erfolgreichen Einsatz von britischen Tanks bei Flers folgten noch weitere, ebenfalls nur mäßig erfolgreiche Einsätze. Noch war die neue Waffe unausgereift, technisch anfällig und das Einsatzkonzept mangels Erfahrung alles andere als optimal. Und selbst bei Massenangriffen wie in der Schlacht von Cambrai zum Jahresende 1917 blieb der Erfolg angesichts der horrenden Verluste bescheiden. Von 476 eingesetzten Tanks vernichteten oder erbeuteten die Deutschen mehr als 250 Stück.

Dennoch, die Tanks leuteten ein neues Zeitalter ein. Mit zunehmender Erfahrung verbesserte sich auch die Koordinierung von Infanterie, Luft- und Panzerstreitkräften. Diente der Tank anfangs nur zur Unterstützung der vorwärtsstürmenden Infanterie, so entwickelte er sich im Laufe der Zeit zu einer eigenständigen Waffengattung. Viele Militärs blieben damals in ihrem alten Denken stecken und verkannten das Potential der Panzerwaffe. Sie behinderten und verzögerten den technischen Fortschritt, doch aufhalten konnten sie ihn nicht.

Neuseeländer präsentieren stolz ein erbeutetes deutsches Tankgewehr.

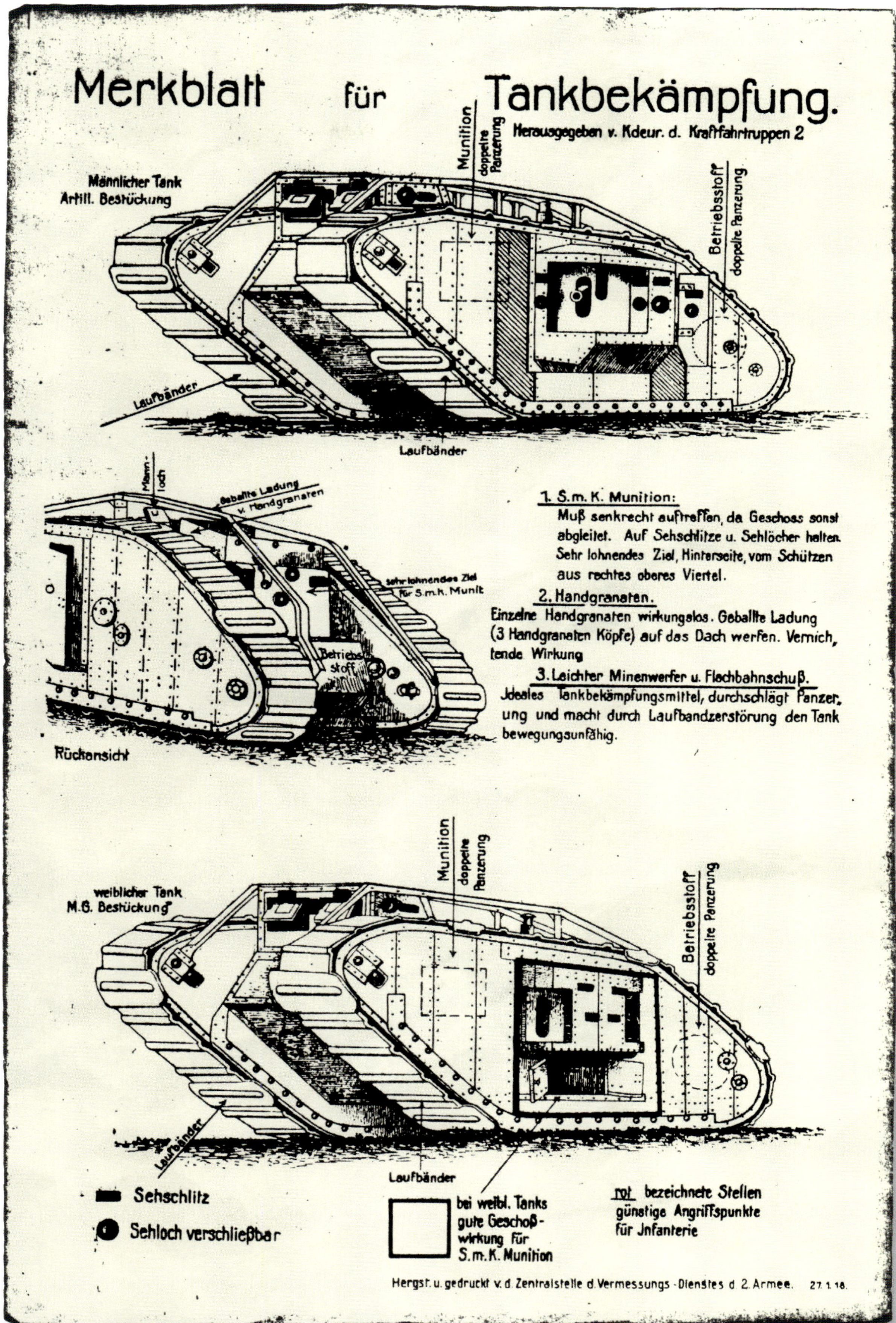
Merkblatt für Tankbekämpfung.
Herausgegeben v. Kdeur. d. Kraftfahrtruppen 2
Männlicher Tank
Artill. Bestückung
Munition
doppelte Panzerung
Betriebsstoff
doppelte Panzerung
Laufbänder
Laufbänder
Mann-loch
Geballte Ladung v. Handgranaten
sehr lohnendes Ziel für S.m.K. Munit.
Betriebsstoff
Rückansicht
1. S.m.K. Munition:
Muß senkrecht auftreffen, da Geschoss sonst abgleitet. Auf Sehschlitze u. Sehlöcher halten. Sehr lohnendes Ziel, Hinterseite, vom Schützen aus rechtes oberes Viertel.
2. Handgranaten.
Einzelne Handgranaten wirkungslos. Geballte Ladung (3 Handgranaten Köpfe) auf das Dach werfen. Vernichtende Wirkung
3. Leichter Minenwerfer u. Flachbahnschuß.
Jdeales Tankbekämpfungsmittel, durchschlägt Panzerung und macht durch Laufbandzerstörung den Tank bewegungsunfähig.
Munition
doppelte Panzerung
Betriebsstoff
doppelte Panzerung
weiblicher Tank
M.G. Bestückung
Laufbänder
Laufbänder
Sehschlitz
Sehloch verschließbar
bei weibl. Tanks gute Geschoß-wirkung für S.m.K. Munition
rot bezeichnete Stellen günstige Angriffspunkte für Jnfanterie
Hergst. u. gedruckt v. d. Zentralstelle d. Vermessungs-Dienstes d. 2. Armee. 27.1.18.

Wunsch (oben) ... und Wirklichkeit (unten).

Vergleichsfoto einer britischen .303 Gewehrpatrone mit der deutschen 13-mm-Patrone des Tankgewehrs.

Die Abwehr dieser »Stahlmonster« stellte die Infanterie vor erhebliche Schwierigkeiten. Auf das schwächer gepanzerte Oberteil geworfene Handgranaten blieben oft nicht liegen, sondern rollten herunter. Zudem konnte die Infanterie nicht immer nahe genug an den Tank herankommen. Deshalb musste eine neue Lösung her. Die erste speziell für die Tankabwehr entwickelte und serienmäßig gefertigte Waffe entstand auf deutscher Seite bei der Firma Mauser. Das 13-mm-Geschoss des sogenannten *Tankgewehrs* konnte auf 100 m Entfernung immerhin 20 mm Panzerstahl durchschlagen. Dies war für die frühen Tanks durchaus ausreichend, doch führte ein durchschlagender Treffer selten zum sofortigen Ausfall des Fahrzeugs. Man musste schon ein Besatzungsmitglied oder wichtige Teile des Antriebssystems treffen. Der Schütze selber litt mangels Pufferung unter dem starken Rückstoß. Aber immerhin war ein Anfang gemacht.

Nach dem Weltkrieg stagnierte die weltweite Waffenentwicklung zunächst. Viel zu sehr war man noch mit den individuellen Folgen des Krieges beschäftigt. Erst mit der Machtergreifung Hitlers und der deutschen Aufrüstung rückten auch Pan-

Als Reaktion auf die russischen Panzerbüchsen versuchte man auf deutscher Seite die Panzer mit seitlich montierten Schürzen zu schützen.

Viele Tanks fielen nicht direkt durch Feindeinwirkung aus, sondern durch technische Defekte. Die Reparaturbetriebe im Hinterland hatten alle Hände voll zu tun.

zerabwehrwaffen wieder ins Blickfeld der Militärs. Noch funktionierten die meisten dieser Waffen wie ein vergrößertes Gewehr, das heißt man feuerte ein Geschoss mit hoher Geschwindigkeit gegen eine Panzerung. Bestimmte Zusätze wie etwa ein Wolframkern oder konisch geformte Läufe verliehen eine höhere Durchschlagskraft. Manche Waffen funktionierten gar als Selbstlader mit schnellerer Schussfolge.

Doch letztendlich ließ sich die Leistung nicht unbegrenzt steigern. Größere Kaliber und zunehmendes Gewicht schränkten die Mobilität der nun Panzerabwehrbüchsen bzw. Panzerbüchsen genannten Waffen mehr und mehr ein. Tragbar waren sie oft nur noch in teilzerlegtem Zustand. So gleicht etwa die 1940 entwickelte *schwere Panzerbüchse 41* auf ihrer Radlafette mit einem Gesamtgewicht von 220 kg schon einer kleinen Panzerabwehrkanone.

Bei den kriegführenden Ländern blieben Panzerbüchsen zwar den ganzen Krieg über im Einsatz, aber sie waren schon recht früh für ihren eigentlichen Einsatzzweck kaum noch effektiv genug. Bei moderneren Panzern erzielten sie nur noch an wenigen Schwachstellen wirkungsvolle Durchschläge. Zumindest für schwächer gepanzerte Aufklärungs- und Transportfahrzeuge blieben sie weiterhin eine ernstzunehmende Gefahr und auch im Häuserkampf nutzte man ihre Durchschlagskraft.

Trefferbild der dänischen Madsen M/38 auf einen leichten US-Panzer M2A2 während der Erprobung in Aberdeen im Oktober 1949. Keiner dieser Treffer hätte den Panzer außer Gefecht gesetzt. [APG]

Mit dem Ende der konventionellen Panzerbüchsen begann ein völlig neues Zeitalter in der Panzerbekämpfung. Die Nutzung des Hohlladungsprinzips in Verbindung mit Raketentechnik führte zur Entwicklung diverser rückstoßfreier Panzerabwehrhandwaffen, bei denen ein Teil der Verbrennungsgase der Treibladung nach hinten aus dem an beiden Enden offenen Rohr ausgestoßen wird, wodurch kein Rückstoß auftritt. Bereits die deutsche *Panzerfaust 100* konnte auf eine Entfernung von 100 Metern stolze 200 mm Panzerstahl durchschlagen und mit nur einem Treffer einen Panzer außer Gefecht setzen. Bis heute sind solche Waffen aus der Kriegsführung nicht mehr wegzudenken.

Anfang der 1980er-Jahre wurde den Panzerbüchsen jedoch eine Wiederentdeckung zuteil. Abweichend von ihrem ursprünglichen Zweck werden sie heute von militärischen und polizeilichen Einheiten als sogenannte Anti-Material Rifles zur Bekämpfung leicht gepanzerter Fahrzeuge oder gegnerischer Kräfte hinter Deckungen eingesetzt.

Deutschland

Tankgewehr

Auf deutscher Seite tat man sich zunächst schwer im Umgang mit den britischen »Stahlmonstern«. Nach anfänglichen Abwehrerfolgen wiegte sich die Militärführung in trügerischer Sicherheit. Dabei übersah man zu gerne, dass viele Ausfälle technischen Defekten oder dem unwegsamen Gelände zu verdanken waren. Die Arbeiten an einer tragbaren Abwehrwaffe für die Infanterie gingen zunächst nur langsam voran.

Im Oktober 1917 wandte sich die Gewehrprüfungskommission erstmals wegen der Entwicklung einer großkalibrigen automatischen Waffe im Kaliber 13 mm an mehrere Waffen- und Maschinenfabriken. Dieses sogenannte TuF-Gewehr (Tank- und Fliegerabwehr) sollte auch die Bekämpfung von Flugzeugen ermöglichen. Doch die Entwicklung einer automatischen Waffe war aufwändiger als von der Kommission gedacht, und die geplante Fertigungsreife im Frühjahr 1918 erwies sich als utopisch. Gerade einmal vier Firmen konnten bis zum Sommer 1918 überhaupt einen funktionsfähigen Prototyp herstellen: Vorwerk, Rheinmetall, MAN und das Infanterie-Konstruktionsbüro. Keiner davon funktionierte zufriedenstellend.

Nachdem der Kommission zwischenzeitlich klargeworden war, dass die Entwicklung einer automatischen Waffe längere Zeit in Anspruch nehmen würde, erhielt die Firma Mauser in Oberndorf am 27. November 1917 den Auftrag zur Konstruktion einer einfachen Einzelladerwaffe. Lange währten die Diskussionen um das Kaliber 13 mm oder 15 mm. Berechnungen der Patronenfabrik Polte in Magdeburg führten zur Wahl des kleineren Kalibers, und Polte arbeitete anschließend auch mit Mauser zusammen an der optimalen Abstimmung von Patrone und Lauf.

Nach Begutachtung und Probeschießen durch Vertreter des Kriegsministeriums folgte am 21. Januar 1918 die Entscheidung zur schnellstmöglichen Serienfertigung. Mitarbeiter des Infanterie-Konstruktionsbüros wurden zu Mauser nach Oberndorf entsandt, zusätzliche Räumlichkeiten für die Fertigung eingerichtet und die Arbeitsabläufe bestmöglich organisiert. Im April 1918 waren die Einrichtungsarbeiten für die Serienfertigung abgeschlossen, und noch im selben Monat konnten die ersten 100 Tankgewehre ausgeliefert werden. Ab Mai lief die Serienfertigung auf vollen Touren und erreichte bis Kriegsende einen Ausstoß von 300 Waffen pro Tag. Laut Kriegsministerium ist noch nie zuvor in der Geschichte der Handfeuerwaffen eine neue Waffe in so kurzer Zeit

Mit dem Tankgewehr schuf die Firma Mauser die erste speziell zur Panzerbekämpfung entwickelte Waffe.

Anstelle des hier gezeigten schweren Zweibeins ließ sich auch das leichtere, aus Blech gefertigte Zweibein des MG 08/15 verwenden.

entwickelt worden. Im Grunde hatte Mauser das bewährte System des Gewehrs 98 vergrößert und für die Patrone 13 x 92 mm HR eingerichtet. Wegen des hohen Gasdrucks erhielt der Zylinderverschluss noch eine zusätzliche, vierte Verriegelungswarze sowie mehrere Gasentlastungsbohrungen für den Fall eines Hülsenreißers oder Zündhütchen-Durchbläsers. Ansonsten spendierte man der Waffe noch einen Pistolengriff und ein Zweibein. Vorrichtungen zum Abmildern des heftigen Rückstoßes, wie etwa eine Mündungsbremse oder eine gepolsterte Schulterstütze, gab es keine.

Die ersten etwa 300 hergestellten Tankgewehre besaßen noch einen dickwandigen, kurzen Lauf mit 86 cm Länge und ein Schiebevisier für 100 bis 2.000 Meter Entfernung. Mit Umstellung der Fertigung auf einen dünnwandigeren Lauf mit 96 cm Länge sparte man etwa 800 Gramm an Gewicht und verbesserte gleichzeitig die Präzision. Das Schiebevisier wurde mehr der Realität angeglichen und ging jetzt nur noch bis 500 Meter. Kriegsbedingt reichte der Vorrat an abgelagertem Holz nicht mehr zur Fertigung von genügend einteiligen Schäften in den benötigten Abmessungen. Viele Tankgewehre besitzen deshalb einen zweiteiligen Schaft, bei dem die untere Hälfte des Kolbens angeleimt ist.

Eine Halterung vor der Holzschäftung dient zur Montage eines speziellen Zweibeins aus massivem Vollmaterial (2,5 kg). Alternativ konnte auch das leichtere, aus Blech gefertigte Zweibein (1,3 kg) des leichten Maschinengewehrs 08/15 verwendet werden. In der Praxis aber schienen viele Schützen das Gewicht nicht zusätzlich mitschleppen zu wollen,

a.) Die Patrone 13 x 92 mm HR erzeugte im Tankgewehr einen enormen Rückstoß.

b.) Der Schnitt durch die Patrone gewährt einen Blick auf den Stahlkern im Geschoss.

Viele der schweren Tankgewehre konnten bei einem eiligen Rückzug nicht mitgenommen werden und fielen dem Feind in die Hände.

Eine Mündungsbremse hätte den furchteinflößenden Rückstoß gemindert, aber aus unerklärlichen Gründen verzichtete Mauser darauf.

Die Skala des Schiebevisiers reduzierte man von ursprünglich 2.000 auf nur noch 500 Meter.

denn auf historischen Fotoaufnahmen sieht man die Waffe auffallend oft ohne Zweibein im Einsatz. Man legte sie einfach auf dem Grabenrand auf.
An der Front waren die Soldaten sicherlich froh, endlich eine Waffe zur Bekämpfung der Tanks in die Händen zu bekommen, deren Handhabung auch noch dem gewohnten Gewehr 98 glich. Die Panzerbekämpfer waren meistens zu zweit unterwegs. Ein Schütze, der die über 15 kg schwere Waffe trug und bediente, und ein Reserveschütze, der als Munitionsträger laut Anleitung zwei Patronentaschen mit je 20 Patronen und eine Kiste mit weiteren 72 Patronen schleppen durfte. Dazu kam bei beiden noch das übliche Sturmgepäck und zur Nahverteidigung eine Kurzwaffe und ein Bajonett. Im Gefecht behielt der Munitionsträger das Umfeld im Auge und reichte dem Schützen die nächste Patrone, damit sich dieser vollständig auf das Schießen konzentrieren konnte.

Das Tankgewehr besaß kein integriertes Magazin und musste nach jedem Schuss manuell mit einer neuen Patrone geladen werden.

Auch dieses Tankgewehr wird vom Feind interessiert betrachtet. Man beachte den seltenen Trageriemen.

Die Handhabung entsprach der des Gewehrs 98 und benötigte keine aufwendige Ausbildung.

Auf der Systemhülse prangt das Firmenzeichen des Herstellers: die weltbekannte »Mauser-Tonne«.

Doch Wunder vollbrachte auch das Tankgewehr nicht und die Hoffnung wich im Einsatz schon bald der Ernüchterung. Dem gewaltigen Rückstoß des Tankgewehrs konnten nur kräftig gebaute Schützen standhalten. Und selbst diese hielten nur wenige Schüsse aus, dann war eine Ablösung nötig. Viele Schützen stopften deshalb Polstermaterial zwischen Kolben und Schulter. Die Furcht vor dem Rückstoß förderte nicht gerade die Präzision. Und selbst wenn der Schuss traf, blieb die Wirkung weit hinter den Erwartungen zurück. Das Lehr-Infanterie-Regiment der Heeresgruppe Deutscher Kronprinz experimentierte im September 1918 mit Schüssen auf einen erbeuteten britischen Tank. Heraus kam ein sehr unerfreuliches Ergebnis: Keiner der 18 Treffer hätte den Tank mit Sicherheit gefechtsunfähig gemacht. Mit etwas Glück könnte man höchstens ein Besatzungsmitglied oder ein empfindliches Teil des Motors treffen und dadurch die Aufgabe des Fahrzeugs erreichen.

Laut einer Nachkriegsauswertung der Briten ging lediglich ein Prozent ihrer Tanks durch Treffer aus Tankgewehren verloren. Auf den Kriegsverlauf hatte Mausers Waffe keinerlei Auswirkung mehr. Daran hätte auch die in wenigen Versuchsstücken gebaute Mehrlade-Ausführung nichts mehr geändert.

Immerhin wurden von den ursprünglich bestellten 30.000 Tankgewehren bis Kriegsende etwas über 4.600 Stück an die Front geliefert. Die Gesamtfertigung dürfte laut Seriennummern rund 16.500 Stück betragen haben. Ein großer Teil davon ging nach dem Krieg als Reparationsleistung an die Siegermächte oder wurde unter Aufsicht der Interalliierten Militär-Kontrollkommission (IMKK) verschrottet. Ein nicht unerheblicher Teil verschwand allerdings, um dann später in den Depots von Reichswehr bzw. Wehrmacht wieder aufzutauchen. In einer Bestandsliste des Heeres von 1925 sind ganze 805 Tankgewehre aufgeführt. Und noch im Jahre 1939 wurden neue Tankgewehr-Patronen mit Brandgeschoss und Kern hergestellt.

Technische Daten:	**kurze Ausführung**	**lange Ausführung**
Kaliber:	13 x 92 mm HR (Halbrand)	13 x 92 mm HR (Halbrand)
Länge:	158 cm	168 cm
Lauflänge:	86 cm	96 cm
Gewicht (ohne Zweibein):	16,6 kg	15,8 kg
Magazinkapazität:	Einzellader	Einzellader

Panzerbüchse 38

Nach dem verlorenen Krieg war in Anbetracht der auf 115.000 Mann reduzierten Reichswehr (einschließlich Marine), der Abschaffung der allgemeinen Wehrpflicht, des Generalstabes, der Kriegsakademie und aller Militärschulen an waffentechnische Weiterentwicklungen in Deutschland vorerst nicht zu denken. Nicht nur die Auftragsverluste, sondern vor allem auch die Reparationsleistungen und Demontagen verursachten hohe Einbußen. So musste allein die Firma Mauser 1.500 Maschinen nach Tschechien und weitere 800 Maschinen nach Jugoslawien verkaufen. Auf dem Fertigungsprogramm standen von nun an Werkzeugmaschinen, Kraftfahrzeuge und andere Zivilprodukte. Die einst mächtige deutsche Rüstungsindustrie lag größtenteils am Boden.

Doch trotz aller Einschränkungen und einer strikten Überwachung durch die Interalliierte Militär-Kontrollkommission blieb die Zeit nicht stehen. Im Geheimen ging die Entwicklung neuer Waffen und Munition weiter – wenn auch in stark reduziertem Maße. Dies änderte sich erst mit dem Nachlassen der Kontrolltätigkeiten und dem politischen Wandel im Deutschen Reich.

Anfang der 1930er Jahre lagen noch immer viele Mauser-Tankgewehre in den Depots und es wurde auch noch Munition dafür hergestellt. Doch die Erfahrungen aus dem vergangenen Krieg hatten deutlich gezeigt, dass das Kaliber 13 mm für die Bekämpfung von Panzerfahrzeugen nicht ausreichte. Man stand nun vor der Wahl, entweder das Kaliber zu vergrößern, oder nach einer anderen Lösung zu suchen. Und diese fand sich in den Forschungsergebnissen des Ingenieurs Hermann Gerlich. Er hatte erkannt, dass nicht unbedingt ein hartes Geschoss durch eine Panzerplatte hindurchdringen muss. Wird stattdessen ein weiches Geschoss mit einer sehr hohen Geschwindigkeit auf eine Panzerplatte geschossen, so löst sich beim Auftreffen durch die kinetische Energie ein Teil der Platte aus dem Metallgitterverbund und wird in Geschossflugrichtung herausgesprengt. Die Härte des Geschosses spielt dabei keine Rolle. Basierend auf dieser Erkenntnis entstand so aus der Patrone 13 x 92 mm HR die neue Patrone 7,92 x 94 mm. Besser bekannt als Patrone 318. Der Halbrand wurde zugunsten einer randlosen Hülse aufgegeben. Die starke Pulverladung ergab für das kleine Geschoss eine Mündungsgeschwindigkeit von über 1.100 m/s und eine Durchschlagskraft von 25 mm Panzerstahl auf 300 Meter Entfernung. Die endgültige Ausführung der neuen Patrone war die SmKH Rs L'spur (Spitzgeschoss mit Kern (gehärtet) Reizstoff Leuchtspur). Der Reizstoffzusatz sollte

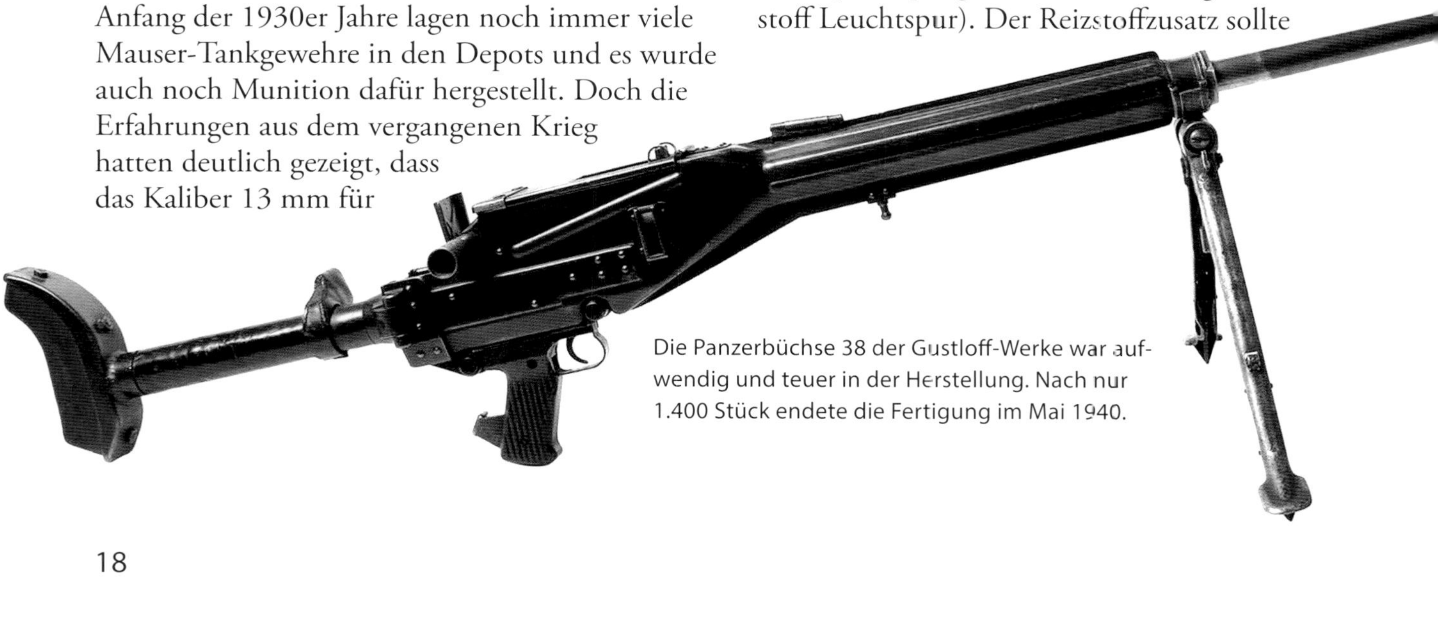

Die Panzerbüchse 38 der Gustloff-Werke war aufwendig und teuer in der Herstellung. Nach nur 1.400 Stück endete die Fertigung im Mai 1940.

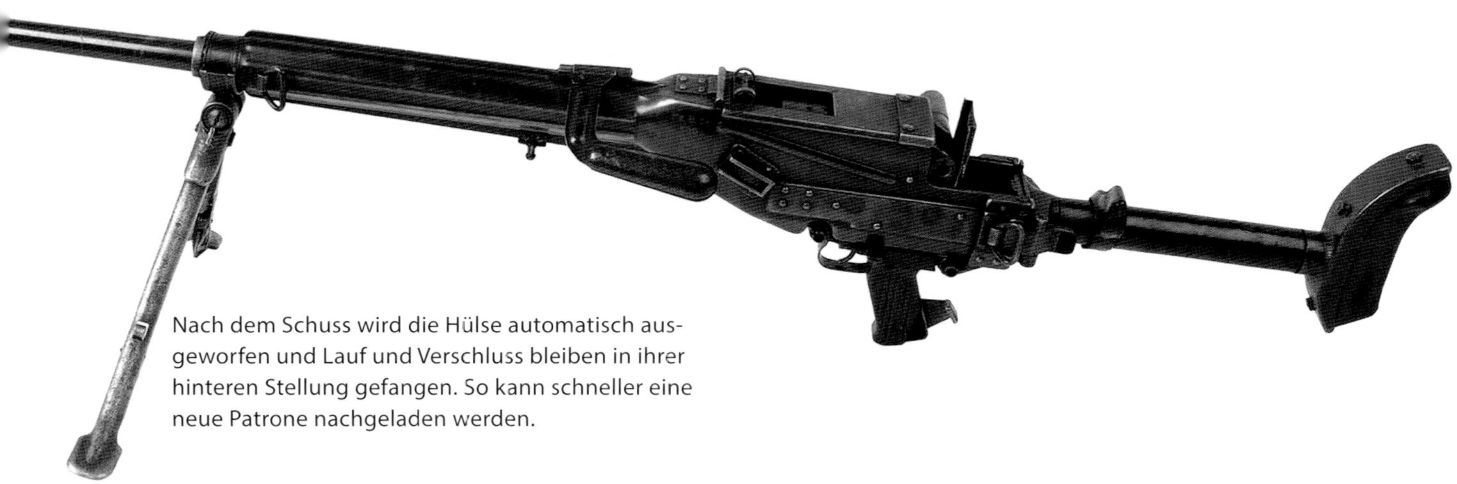

Nach dem Schuss wird die Hülse automatisch ausgeworfen und Lauf und Verschluss bleiben in ihrer hinteren Stellung gefangen. So kann schneller eine neue Patrone nachgeladen werden.

nach dem Durchdringen der Panzerung die Besatzung zum Verlassen des Fahrzeugs zwingen.
In der Praxis erwies sich die Menge allerdings als viel zu gering. Übungspatronen besaßen ein gewöhnliches Spitzgeschoss ohne Leuchtspur und Reizstoffkapsel.
Zeitgleich liefen bei den Gustloff-Werken in Suhl die Entwicklungsarbeiten für eine passende Panzerbüchse zur dieser Patrone. Unter Leitung des Diplom-Ingenieurs B. Brauer entstand bis 1938 eine moderne Waffe, an der die Wehrmacht sogleich Gefallen fand und sie als Panzerbüchse 38 (Pz.B.38) einführte. Die sehr aufwendige und teure Fertigung mit vielen Frästeilen störte damals noch nicht.
Die Pz.B.38 war als Einzellader konzipiert, mit beweglichem Lauf und Fallblockverschluss. Nach dem Schuss bewegen sich Lauf und Verschluss durch den Rückstoß gegen eine starke Feder zurück.

Am Ende des Rücklaufs senkt sich der Verschluss und die leere Hülse wird ausgeworfen. Ein gepolsterter Abweiser am Schaft sorgt dafür, dass die Hülse dem Schützen nicht ins Gesicht geschleudert wird. Lauf und Verschluss werden in der hinteren Stellung so lange festgehalten bis der Schütze eine neue Patrone in das Patronenlager einlegt und anschließend den an der Griffstückrückseite befindlichen Auslösehebel drückt, wodurch sich der Verschluss wieder hebt und die Feder sowohl Lauf als auch Verschluss nach vorne schiebt. Nun ist die Waffe wieder schussbereit. Lediglich vor dem ersten Schuss muss der Schütze von Hand spannen. Für einen sicheren Stand sorgte das höhenverstellbare Zweibein. Die ersten 112 Waffen besaßen noch eine weniger stabile Ausführung davon, danach übernahm man der Einfachheit halber unverändert das Zweibein vom MG 34. Im Schwerpunkt der Waffe ist ein praktischer Tragegriff angebracht, mit dem der Schütze die 16 kg schwere Panzerbüchse relativ gut tragen konnte. Vorne auf der Mündung sitzt ein trichterförmiger Feuerdämpfer. Um im Gefecht die nötige Munition schnell griffbereit zu haben, kamen die ersten 400 Waffen mit einer Patronentrommel für 36 Schuss zur Auslieferung. Vermutlich war diese aber ein reines Trans-

Die Patronenbehälter ließen sich zu zweit in solchen Tragetaschen verstauen.

Die Patrone 318 war üblicherweise zu fünf Stück in einer Papschachtel verpackt.

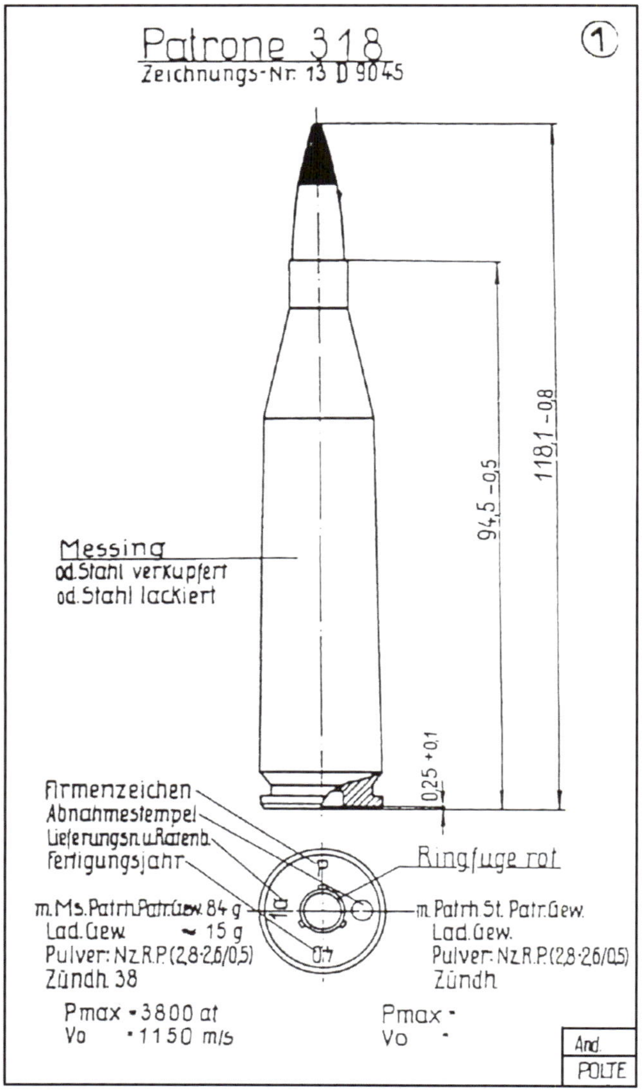

Datenblatt der Patrone 318 aus dem Ringbuch D.460/3+ der Infanteriemunition vom 1. Mai 1941.

Neben der normalen Patrone 318 (links) steht die Tropenausführung mit zusätzlicher Abdichtung am Hülsenmund (Mitte) und daneben eine funktionslose Werkzeugpatrone für den Waffenmeister (rechts).

portbehältnis und nicht wie ein Magazin an die Waffe ansteckbar. Bewährt haben sie sich wohl nicht. Laut einer Verfügung vom Februar 1940 waren sie nämlich wieder einzuziehen. Stattdessen brachte man nun rechts und links am Waffengehäuse jeweils einen abnehmbaren Blechbehälter

Beidseitig am Gehäuse befinden sich die Halterungen für die zwei Patronebehälter. Der Druckhebel am Griffstück gibt nach dem Laden einer neuen Patrone den offenen Verschluss frei.

Soldaten der Waffen-SS in einer Stellung irgendwo in der Weite Russlands.

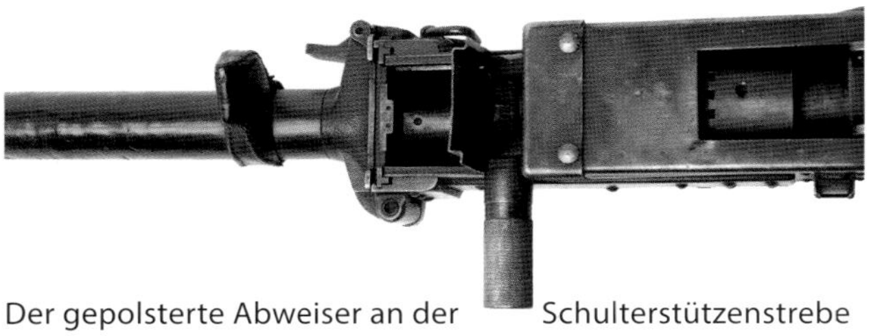

Der gepolsterte Abweiser an der Schulterstützenstrebe lenkt die ausgeworfenen Hülsen seitlich ab.

Blick von oben auf die Laufwurzel mit den getarnten Herstellerangaben. Das Fertigungskennzeichen 936 steht für die Gustloff-Werke.

für zehn Patronen an. Das Innere enthält in zwei Reihen je fünf federnde Manschetten zur Patronenaufnahme. Durch eine im Boden des Gehäuses befindliche Holzleiste wird die hintere Patronenreihe höher gestellt. Somit konnte der Schütze auf 20 Patronen zugreifen, ehe Nachschub kommen musste. Für den Transport wurden die Behälter abgenommen und mit einem Klappdeckel verschlossen am Koppel des Schützen getragen oder paarweise in speziellen Tragetaschen verstaut. Ein voller Behälter wiegt etwa ein Kilo. Ebenfalls für den Transport ließ sich die Schulterstütze nach rechts vorne umklappen und verringerte somit die Gesamtlänge um 32 cm. Eine Staubschutzkappe schützte die Mündung vor eindringendem Schmutz und konnte notfalls durchschossen werden.

Ein interessantes und aus heutiger Sicht eher unverständliches Merkmal der Pz.B.38 war ihr besonderer Übungslauf. Der normale Gefechtslauf war für die Patrone 318 mit 7,92-mm-Geschoss eingerichtet. Alle Übungs-, Platz- und Exerzierpatronen trugen jedoch ein 13-mm-Geschoss. Vor deren Verwendung musste also erstmal der Lauf gewechselt werden. Ein optional auf die Mündung aufschraubbares Platzpatronengerät zerlegte die hohlen Holzgeschosse der Platzpatronen in ungefährliche kleine Splitter.

Die Serienfertigung lief Mitte 1938 bei den Gustloff-Werken in Suhl an. Erst über ein Jahr später, am 31. August 1939, erschien die Dienstvorschrift D.111/1 »Panzerabwehrbüchse 38 mit Übungslauf und Platzpatronengerät« dazu. Die aufwendige Herstellung ließ keinen Massenausstoß zu, aber zumindest konnte der dringendste Bedarf an Panzerabwehrwaffen gedeckt werden. Bis zum Produktionsstopp im Mai 1940 lieferte Gustloff etwa 1.400 Stück aus.

Technische Daten:	
Kaliber:	7,92 x 94 mm
Länge:	161,5 cm
Länge (Schulterstütze angeklappt):	129,3 cm
Lauflänge:	108,5 cm
Gewicht (ungeladen):	16,2 kg
Magazinkapazität:	Einzellader

Panzerbüchse 39

Die Panzerbüchse 38 war mit ihrer aufwendigen Herstellung eine Notlösung gewesen. Schon 1939 liefen bei Gustloff Versuche zur Vereinfachung dieser Waffe. Dazu verzichtete man erstmal auf den komplizierten Mechanismus mit beweglichem Lauf und automatischem Hülsenauswurf. Stattdessen erhielt die Waffe ein abklappbares Griffstück zum Öffnen und Schließen des Fallblockverschlusses. Auch einen speziellen Übungslauf gab es nicht mehr. Die Übungspatronen, Platzpatronen mit hohlem Holzgeschoss und funktionslosen Exerzierpatronen entsprachen in ihren Abmessungen der normalen Patrone 318.

Zum Öffnen des Verschlusses wird der Griff des Griffstückes mit der rechten Hand kräftig nach vorn gedrückt. Hierbei dreht sich der Griff im Gelenk und bewegt einen Sperrhebel nach vorn, so dass er aus dem Verschlussgehäuse ausrastet. Beim weiteren Vordrücken klappt das Griffstück nach unten ab und nimmt hierbei den Verschluss nach unten mit. Der Verschluss zieht bei der Abwärtsbewegung den Auswerfer zunächst einige Millimeter zurück und lüftet damit die leere Hülse im Patronenlager. Kurz vor der tiefsten Stellung des Verschlusses schnellt der Auswerfer unter dem Druck seiner Schraubenfeder rückwärts und wirft die Hülse aus. Nach dem Nachladen einer Patrone und Hochschwenken des Griffstücks gibt ein gefederter Sicherungsstift erst nach völligem Einrasten des Griffstücks in das Verschlussgehäuse den Abzug frei.

Die gepolsterte Schulterstütze ist nicht mehr seitlich schwenkbar, sondern klappt nach dem Entriegeln nach unten ab und lässt sich unter das Gehäuse schwenken. Damit reduziert sich die Länge für den Transport um 34 cm. Der im Schwerpunkt angebrachte Tragegriff vom Vorgängermodell wurde beibehalten. Eine verbesserte Mündungsbremse diente zur Rückstoßminderung. Auf der Oberseite des Verschlussgehäuses befindet sich die Sicherung, erkennbar an dem F für Feuer (rot) und S für Sicher (weiß). Das Visier ist denkbar einfach gestaltet, mit einer festen Kimme für 300 Meter.

Die Fertigung der Pz.B.39 lief von März 1940 bis November 1941. Nach dem Anlauf bei Gustloff wurden auch noch die Havelwerk GmbH in Brandenburg und die Steyr-Daimler-Puch AG in Österreich hinzugezogen. Laut Aktenlage betrug die Gesamtfertigung 39.232 Stück, wovon fast die Hälfte von Steyr stammte.

Großen Wert hatte man auf die Mobilität gelegt. Es gab spezielle Transporthalterungen für Fahrräder, um die Pz.B. rückwärtsgerichtet an den Rahmen zu schnallen. Zum Mitführen als Mittellast auf Pferden und Tragetieren gab es das Auflager für Pz.B.39 zum Packsattel 33 und Tragesattel 23.

Die Panzerbüchse 39 war ein deutlicher Fortschritt im Gegensatz zum vorherigen Modell.

Das Zweibein stammt vom leichten Maschinengewehr 34 und verblieb auch beim Transport an der Waffe.

Zwei Landser posieren während der Ausbildung für ein Erinnerungsfoto.

Die starke Patrone 318 machte eine Mündungsbremse erforderlich.

Die gepolsterte Schulterstütze besitzt ein Scharnier zum Hochklappen des unteren Bügels. Der sichtbare Dorn hält die Schulterstütze fest, wenn sie zum Transport unter das Gehäuse geschwenkten wird.

Als die Fertigung der Panzerbüchse 39 begann, herrschte noch keine Not. Wie bei vielen deutschen Waffen dieser Zeit sind allerlei Bauteile mit Nummern und sogar der Modellbezeichnung gestempelt. Im weiteren Verlauf des Krieges ließ diese Stempelwut deutlich nach.

Beschriftung mit Modellbezeichnung, Seriennummer, Fertigungsjahr, zwei Waffenamt-Abnahmestempeln (Qualitätskontrolle) und dem getarnten Fertigungskennzeichen »bnz« für die Steyr-Daimler-Puch AG in Österreich.

Mit einem seitlichen Patronenbehälter hat der Schütze Zugriff auf 10 Patronen.

In den Behältern werden die Patronen durch gefederte Manschetten gehalten. Bei Nichtgebrauch lässt sich der Blechdeckel schließen.

Position der Hülse im Patronenlager. An der abgeflachten Stelle liegt der Auszieher an.

Seltene Farbaufnahme einer Panzerbüchse 39. Das Griffstück ist zum Laden abgeklappt.

Zur Pflege der Panzerbüchse 39 gab es das »Reinigungsgerät 34 lang«. Es war ähnlich dem normalen RG34 für den Karabiner 98k, nur eben größer. Es enthält unter anderem Öler, Bürsten, Hülsenzieher, Durchtreiber, sowie Ersatz-Auszieher und –Schlagbolzen.

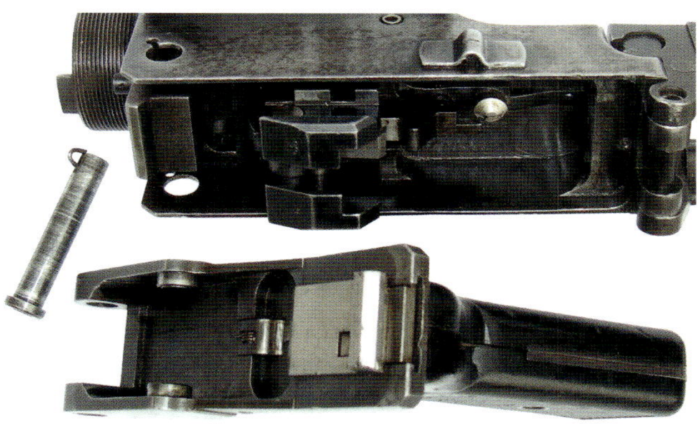

Nach Entfernen des Bolzens lässt sich das Griffstück nach unten abziehen. Oben im Gehäuse ist der Verschlussblock erkennbar.

Zu Beginn des Angriffs auf Russland (Unternehmen Barbarossa) im Juni 1941 hatte die Wehrmacht etwa 25.000 Panzerbüchsen im Bestand.
Die damaligen russischen Panzer und Spähwagen verfügten nur über eine 15 bis 20 mm starke Panzerung und auch wenn meistens mehrere Treffer nötig waren, so konnte mit den Panzerbüchsen dennoch etwas ausgerichtet werden. Eine größere Stückzahl an Panzerbüchsen verschiffte man auch zum Deutschen Afrikakorps, zusammen mit einer speziell abgedichteten Tropen-Ausführung der Patrone 318. In der deckungsarmen Landschaft ließen sich damit Punktziele auf weite Entfernungen oder hinter Steindeckungen bekämpfen.
Mit dem Auftauchen der schwereren Panzer vom Typ T-34 und KV an der Ostfront verloren die Panzerbüchsen mehr und mehr an Bedeutung. Außer ihnen standen der Infanterie Anfang 1942 lediglich das Gewehrgranatgerät, sowie Minen und behelfsmäßige Nahkampfmittel zur Panzerabwehr zur Verfügung. Doch die Entwicklung der Faustpatrone (später Panzerfaust) hatte bereits begonnen.

Im August 1942 endete die Fertigung der Patrone 318 nach der Auslieferung von über 94 Millionen Schuss.

Sogar in einer Lichtbildreihe über die erfolgreichen Kämpfe in Polen ist die Panzerbüchse 39 verewigt.

Truppenfahrrad
mit Pz.B. 39

Mittels einer speziellen Halterung konnte die Panzerbüchse 39 auf einem Truppenfahrrad mitgeführt werden.

Die schlanke Silhouette erleichterte die Tarnung. Immerhin musste der Schütze die feindlichen Panzer nahe herankommen lassen.

Eine Panzerbüchse 39 ohne Patronenbehälter im Einsatz in Frankreich.

Ein Panzerabwehrschütze wartet in der Weite Russland mit seiner Pz.B.39 auf den Feind.

Im Juni 1941 hatte die Wehrmacht etwa 25.000 Panzerbüchsen im Bestand.

Ein neugieriger Zivilist darf sich in Griechenland eine Panzerbüchse 39 genauer anschauen. Unter der Waffe liegt eine Tragetasche für zwei Patronenbehälter.

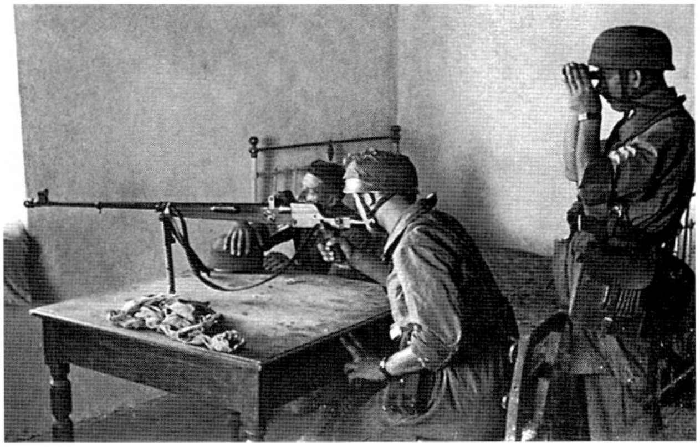

In Ermangelung von Alternativen nutzten auch die Fallschirmjäger die schwere und unhandliche Panzerbüchse 39.

Technische Daten:	
Kaliber:	7,92 x 94 mm
Länge:	162 cm
Länge (Schulterstütze eingeklappt):	128 cm
Lauflänge:	108,5 cm
Gewicht (ungeladen):	12,6 kg
Magazinkapazität:	Einzellader

Granatbüchse 39

Bei den Bemühungen, der Infanterie eine wirksamere Panzerabwehrwaffe zu geben, trat das Heereswaffenamt im November 1941 an die Gustloff-Werke in Suhl heran. Die Firma erhielt einen Entwicklungsauftrag zum Umbau der unbeliebten und wirkungslos gewordenen Panzerabwehrbüchse 39 zum Verschuss von Gewehrgranaten. Insbesondere die drallstabilisierte sogenannte »Große Gewehr-Panzergranate« mit einer Durchschlagsleistung von 70 mm Panzerstahl versprach akzeptable Erfolgschancen im Einsatz.
An der Front drängte die Zeit – doch die Entwicklung bei Gustloff ging nur schleppend voran. Von der nun Kurze Panzerbüchse 39 (Pz.B.39 kz.) genannten Waffe befanden sich Anfang Juli 1942 ganze 53 Stück für Versuchszwecke in Kummersdorf, sodass der geplante Beginn der Serienfertigung am 1. Juli 1942 mit 6.000 Stück/Monat nicht eingehalten werden konnte. Erst im Dezember lief die Fertigung der nun in Granatbüchse 39 (Gr.B.39) umbenannten Waffe schließlich an. Nach ihrem Umbau in eine Granatbüchse wurde die alte Bezeichnung »Pz.B.39« durch eine aufgenietete Metallplakette mit »Gr B 39« und einer neu vergebenen Waffennummer überdeckt.
Beim Umbau wurde an den Waffen der Lauf von 1.085 mm auf 590 mm verkürzt, ein neuer auswechselbarer Kornrahmen auf der linken Seite montiert, die Schulterstütze versteift, das Zweibein verlängert und ein modifizierter Schießbecher auf ein Mündungsgewinde aufgeschraubt. Zerlegen lässt sich die Waffe in zwei Hauptkomponenten: Lauf mit Schießbecher, Kornrahmen und Handgriff, sowie Verschlussgehäuse mit Schulterstütze, Verschluss, Sicherung, Visier und Griffstück. Eine große Überwurfmutter sorgt für eine stabile Ver-

Die Granatbüchse 39 entstand durch Umbau der Panzerbüchse 39.

bindung. Der letzte zylindrische Teil des Laufes für die Verbindung mit dem Verschlussgehäuse ist links für die Auswerferfeder und den Auswerfer abgeflacht und abgeschrägt. Eine gefederte Sperre dient als Sicherheit dafür, dass der Verschluss nur dann freigegeben werden kann, wenn die Überwurfmutter völlig gegen den Kopf der Sperre festgezogen ist. Die mit dem Verschlussgehäuse fest verbundene Schulterstütze kann jetzt im Gegensatz zur Pz.B.39 nicht mehr nach unten über das Griffstück eingeklappt werden, da sie aus Stabilitätsgründen mittels eingeschweißter Versteifungselemente verstärkt wurde. Sie endet hinten in zwei gepolsterten Schulterstücken, deren unteres als Sporn bei Gebrauch der Waffe im Bogenschuss dient.

Links am Lauf befindet sich der Kornfuß mit seinem rechteckigen Blechgehäuse, welches zum Schutz des empfindlichen Kornrahmens dient. Auf diesem sind die Mitte durch einen senkrechten und die Entfernungen durch waagrechte dünne Drähte dargestellt. Die Entfernungseinteilung steht auf dem Kornrahmen, der die Aufschrift »Nr.1 für gr. G. Pzgr.« trägt, links mit weißen Zahlen. Kornrahmen für andere Granaten wurden, wie die Nummerierung vermuten lässt, wohl geplant, aber nicht eingeführt. Auf der rechten Seite des Verschlussgehäuses ist bei den meisten Granatbüchsen ein kleines Metallkästchen mit gefederter Klappe angebracht. Es beinhaltet einen Ersatz-Kornrahmen.

Vorne am Kornschutz ist noch ein abklappbarer Schutzbügel mit Hilfskorn montiert. Beim Tragen der Waffe durch Gestrüpp wird er zum Schutz der Drähte des Kornrahmens vor die vordere Öffnung des Kornschutzes geklappt. Das an ihm befestigte Hilfskorn gestattet ferner ein Zielen bei Dämmerung oder Unbrauchbarwerden der Drähte des Kornrahmens und dient zudem als Entfernungsmesser. Füllt ein Ziel die obere Hälfte des Hilfskorns aus, ist es 75 m entfernt.

Verschossen wurde mit der Granatbüchse 39 die Große Gewehr-Panzergranate mit verbessertem Drallschaft. Die dafür verwendete Treibpatrone 318 für gr.G.Pzgr. sieht der Panzerabwehrbüchsen-Platzpatrone zum Verwechseln ähnlich und lässt sich von dieser nur anhand des etwas kürzeren Holzgeschosses unterscheiden. Die gr.G.Pzgr. mit verbessertem Drallschaft war die einzige Gra-

Verschluss abgesenkt, bereit zum Laden der Treibpatrone. Das Kästchen rechts beinhaltet einen Ersatz-Kornrahmen.

Eine Treibpatrone ist eingeführt, der Verschluss aber noch nicht geschlossen. Auf dem Gehäuse befinden sich die Markierungen des Herstellers der Panzerbüchse (dfb = Gustloff-Werke, Suhl) und Waffenamt-Abnahmestempel 4. Nach dem Umbau wurde eine neue Plakette aufgenietet.

nate, die überhaupt verwendet werden durfte bzw. konnte, da alle anderen der enormen Abschussbeanspruchung durch die starke Treibpatrone 318 nicht gewachsen waren und beim Abschuss zerstört werden konnten.
Im Frühjahr 1943 wurde noch speziell für die Granatbüchse 39 die Entwicklung einer verbesserten Panzergranate mit erhöhter Durchschlagsleistung eingeleitet, aber kurz darauf wieder abgebrochen.
Das verwundert jedoch nicht, denn bereits im April 1943 kam das Aus für die Granatbüchse 39. Die Leistung der immerhin 10,5 kg schweren und 1.230 mm langen Panzerbekämpfungswaffe übertraf auch mit der Zweibeinunterstützung die des Karabiners 98k mit aufgesetztem Gewehrgranatgerät kaum und rechtfertigte somit keine Produktion eines weiteren Waffentyps. Und auch die Soldaten selber waren mit der doch recht unhandlichen Granatbüchse nicht vollkommen zufrieden, wie folgender Auszug aus einem Truppenbericht im Rahmen der MP43/1-Erprobung zeigt:
»Zur Panzerabwehr wird bei den Kompanien bzw. bei den Zügen eine wirklich brauchbare und wirkungsvolle Waffe gebraucht. Die große Panzergranate hat eine fast ausreichende Wirkung, die teils moralisch auf die Panzerbesatzung, teils aber durch ihre Durchschlagskraft bedingt ist. Bis jetzt wurden große Erfolge mit ihr, aus der Granatbüchse 39 geschossen, erzielt. Würde diese aber in der Ausrüstungsstärke der M.P.-Kompanie bleiben, so wäre wiederum die Vereinfachung der Waffen und der Munition in Frage gestellt. Hier muß das Granatgerät Ersatz bieten. Die Granatbüchse hat aber gegenüber dem Schießbecher den großen Vorteil, mit Hilfe ihrer großen Kartuschladung eine rasantere Flugbahn zu erzeugen und dadurch eine bedeutende Steigerung der Treffsicherheit zu haben und, was wichtig ist, einen größeren Wirkungsbereich. Oft entzogen sich die feindlichen Panzer der Wirkung des Schießbechers, fuhren weit genug vor der HKL auf und ab und zerschossen so, als Sturmgeschütz eingesetzt, unsere Gräben und Stände und halfen durch diesen Feuerschutz der feindlichen Infanterie vorwärts. Eine starke Kartuschladung für die aus der M.P.43/1

Granatbüchse 39 zum Laden geöffnet. Hinten am abgeklappten Griffstück sitzt der Sperrhebel, der über einen Vorwärtsschwenk des Griffes entriegelt wird.

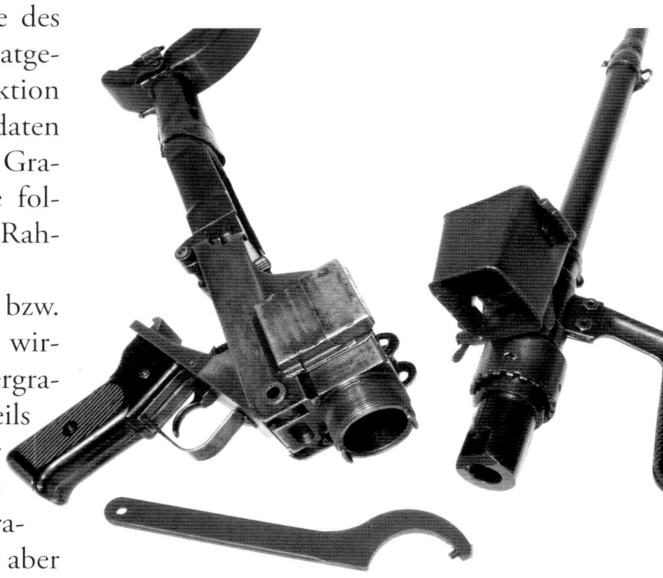

Nach Abschrauben der Überwurfmutter lässt sich der Lauf nach vorne herausziehen. Diese Arbeit durfte laut Vorschrift nur vom waffentechnischen Personal durchgeführt werden.

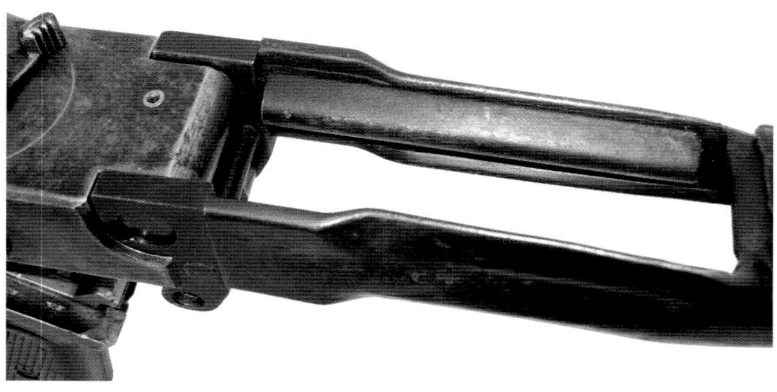

Die neu angebrachten Versteifungselemente verengen den Durchbruch in der Schulterstütze, so dass sie nicht mehr nach unten über das Griffstück abgeklappt werden kann.

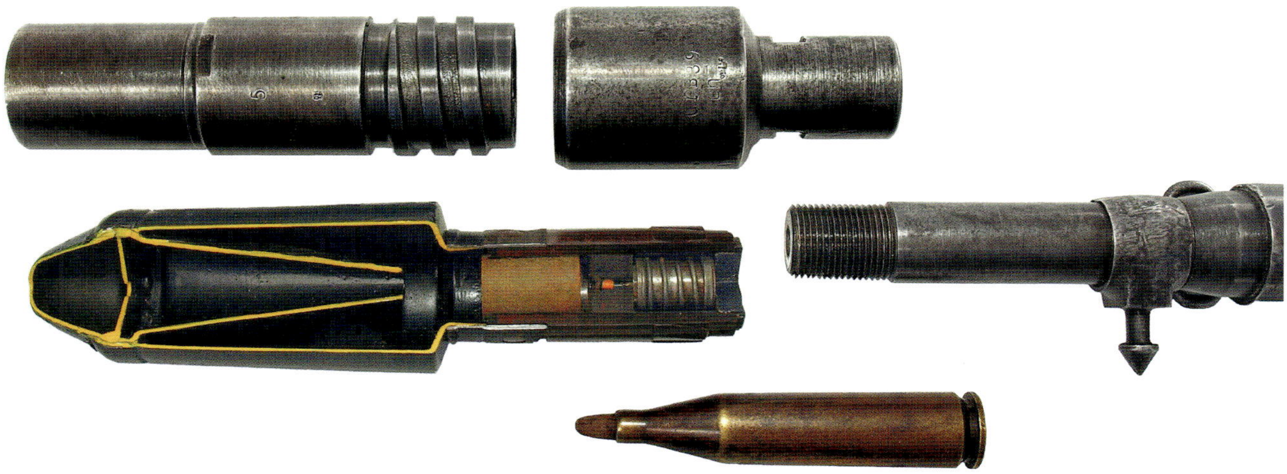

Der Schießbecher, bestehend aus Drallrohr und Halter. Darunter ein Schnittmodell der Großen Gewehr-Panzergranate. Die Treibpatrone 318 besitzt ein deutlich kürzeres Holzgeschoss als die Platzpatrone.

Die gefederte Sperre hält die Überwurfmutter und muss von ihr fest eingedrückt sein, damit der Verschluss freigegeben wird. Links am Gehäuse ist die Kornhalterung in eine nachträglich eingefräste Nut eingeschoben.

Blick in den Kornschutz auf den Kornrahmen mit vorgeklapptem Hilfskorn. Es hilft unter anderem bei der Entfernungsbestimmung.

OKH-WaPrüf 2

Vorläufige Anweisung zur Gr B 39

28. Jan. 1943

Sk 25b-713 Blatt 1

Nicht in Feindeshand fallen lassen!

(1) Richttafelwerte (für den Waffenmeister!)
Richttafel in ~ 10 m Entfernung aufstellen

Bild 1

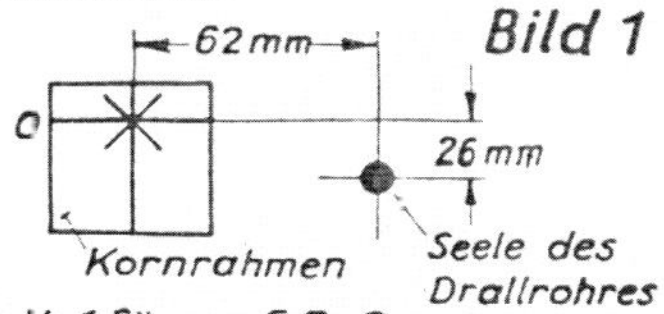

(2) Über Bekämpfung (Wirkung!) schwer zu bekämpfender feindlicher Panzerkampfwagen: siehe HDV 469/3e

(3) Abkommen beim Verschießen der gr G Pz Gr mit Kornrahmen Nr. 1 für gr G Pz Gr.

a) stehende Panzer:
Haltepunkt Höhe: dicht unterhalb Unterkante Turm.
Beispiel siehe Bild 2.

Bild 2

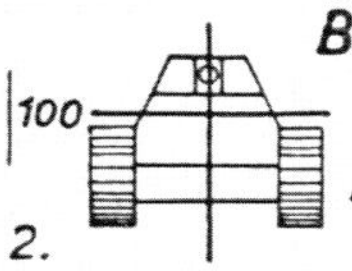

T. 34. von vorn Entfernung: 100 m

Haltepunkt Seite: Mitte Turm. Beisp. s. Bild 3. Größte Kampfentfernung: 150 m!

Bild 3

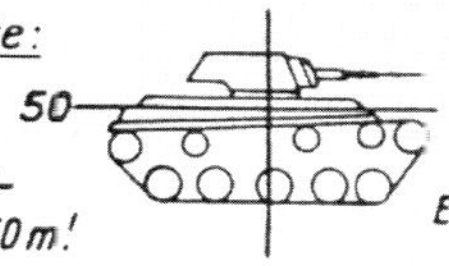

T. 70. von der Seite Entfernung 50 m

b) fahrende Panzer: Größte Kampfentfernung 75 m!
Haltepunkt Höhe: dicht unterhalb Unterkante Turm.
Haltepunkt Seite: Bei Drauflos- und Davonfahrt Mitte Turm. Bei Quer- und Schrägfahrt: von 75 m–50 m Entfernung ~1/2 Ziellänge vorhalten.
Beispiel siehe Bild 4.
Bei sehr hohen Geschwindigkeiten bis 1 Ziellänge vorhalten.

Bild 4

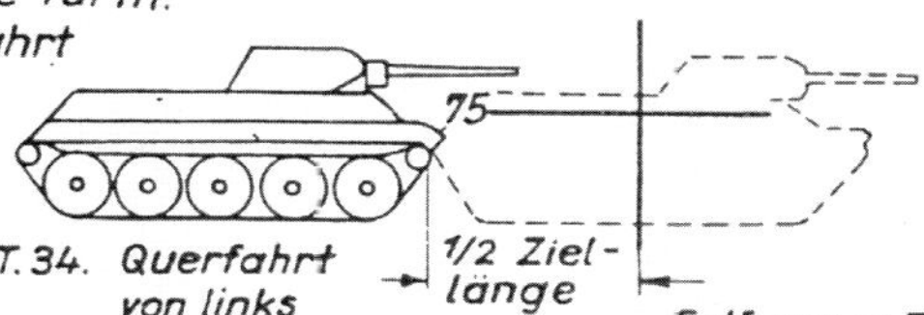

T. 34. Querfahrt von links

Von 50 m ab und darunter: Bug anhalten.
Beispiel siehe Bild 5.
Bei sehr hohen Geschwindigkeiten 1/2 Ziellänge vorhalten.
Für sämtliche Entfernungen gilt:
Bei geringen Geschwindigkeiten mehr in das Ziel hineingehen! Üben!!

Bild 5

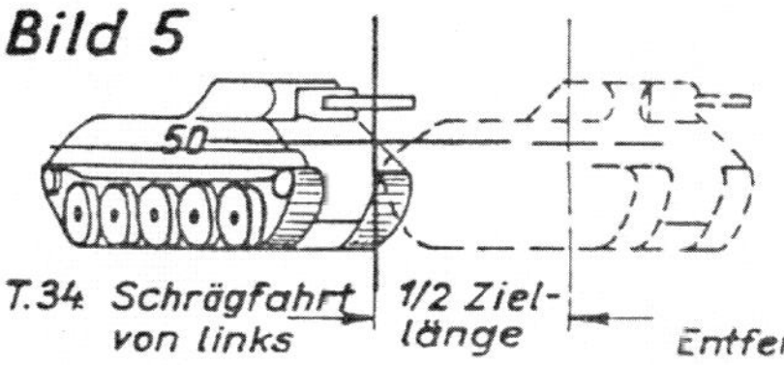

T. 34 Schrägfahrt von links

c) Wenn Kornrahmen beschädigt oder zerstört ist, entweder Hilfskorn verwenden oder Kornrahmen behelfsmäßig mit Zwirn, Litze oder dergl. wieder herstellen.
Beispiel siehe Bild 6.

Bild 6

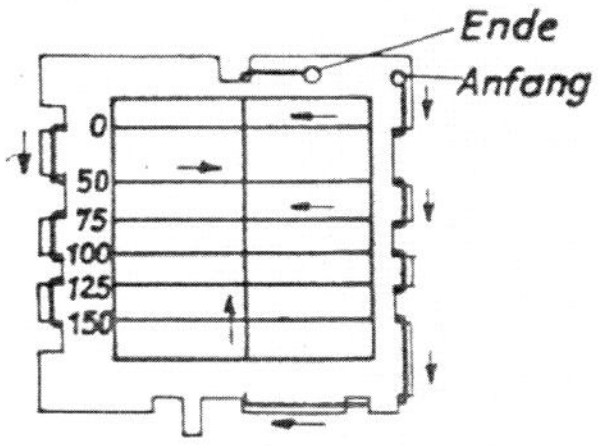

(4) Abkommen beim Verschießen der gr G Pz Gr mit Hilfskorn. Anwendung: wenn Kornrahmen beschädigt und bei Dämmerung. Das Hilfskorn ergibt Visierschuß bei 75 m, fluchtet also nach Höhe u. Seite mit Kimme und Fadenkreuz des Kornrahmens Visierzahl 75. Beispiel siehe Bild 7.

Bild 7

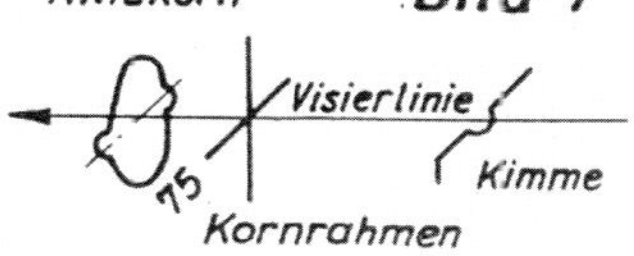

Richtige Stellung oft nachprüfen und durch sehr starkes Festziehen der Flügelmutter festlegen.

a) stehende Panzer: Haltepunkt Höhe: ~ 75 m. dicht unterhalb Unterkante Turm
Beispiel, wie Bild 2 und 3.

Unter 75 m: Ziel aufsitzend.
Beispiel siehe Bild 8.

Bild 8

T. 34. Drauflosfahrt
Entfernung ~ 40 m

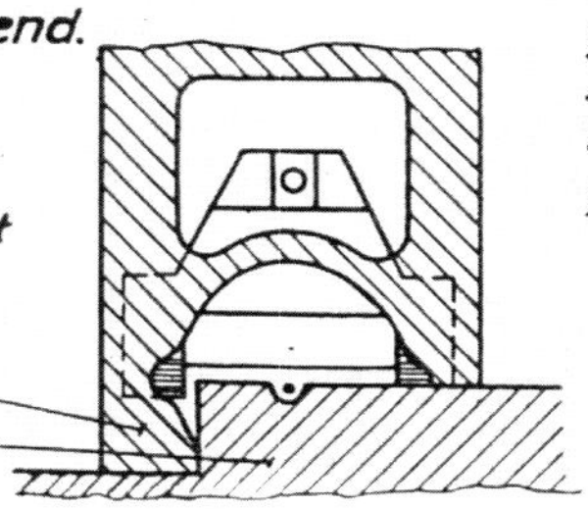

Über 75 m bis höchstens 100 m:
Ziel verschwindend
Beispiel: siehe Bild 9
Haltepunkt Seite: Mitte Turm

Bild 9

T. 34 Querfahrt von links

Entferng. 100 m

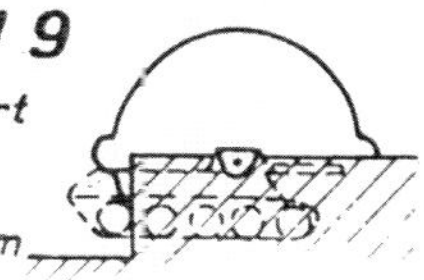

b) Fahrende Panzer.
Haltepunkt Höhe: wie bei stehenden Panzern.
Haltepunkt Seite: Vorhaltemaße wie unter Ziffer 3b.

Sk 25^b – 713 Blatt 2
Nicht in Feindeshand fallen lassen!

(5) Schutzbügel mit Hilfskorn hat 3 Zwecke

a) Schutz des Kornrahmens: Bei Durchschreiten von Gestrüpp, Unterholz Schutzbügel herunterklappen!

b) Visierbehelf als Hilfskorn, wie unter Ziffer 4 beschrieben.

c) Hilfsmittel zum Entfernungsmessen.
Das Bestimmen der Zielentfernung ist bei der gekrümmten Flugbahn von größter Wichtigkeit. Übe deshalb das Entfernungsmessen mit Hilfskorn! Dabei Lage des Auges: Zwei Daumenbreiten vor Abgabelung der Schulterstütze. Siehe Bild 10. Mache diese Stelle mit einem Pflasterstreifen oder sonstwie kenntlich; siehe Bild 10.

Bild 10

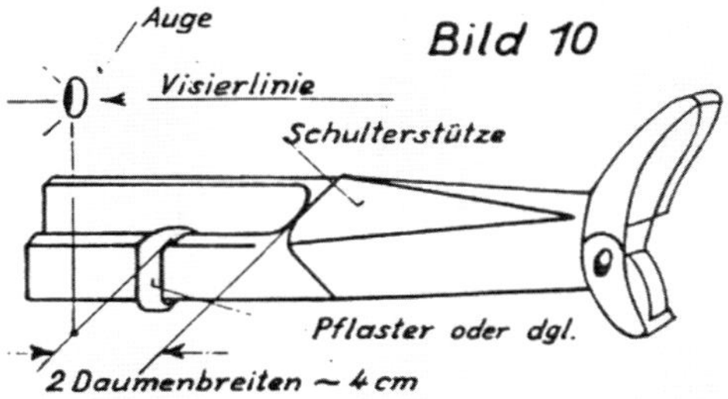

(6) Entfernungsmessung mittels Hilfskorn.
Die Kimme liegt etwas oberhalb der Gleiskette (Unterkante). Bei dem russ. Panzer T.34 liegt sie ungefähr auf Mitte Laufrad. Bei solchen Panzern, die sehr niedrig sind, z.B. dem russischen Panzer T.70, lasse Kimme mit Unterkante Gleiskette fluchten. (Bei bewachsenem Gelände abschätzen). Die Lage von Oberkante Turm, die im Hilfskorn erscheint, ist ein Maß für die Entfernung. Erläuterung: Siehe Bild 10 bis Bild 13. Bilder gut einprägen und üben!

Bild 11

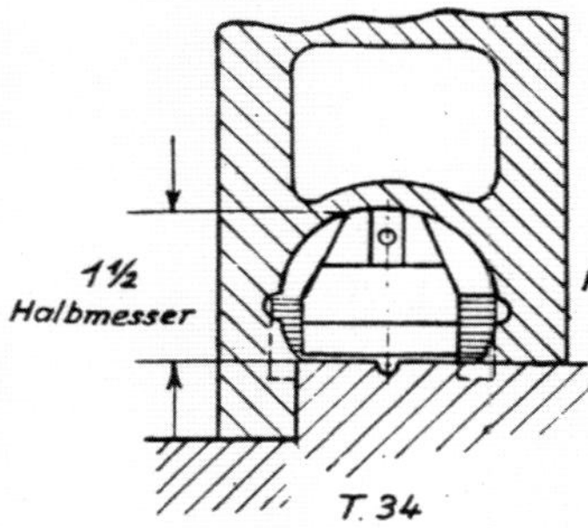

T.34
Drauflosfahrt
Entfernung: 50m

Bild 12

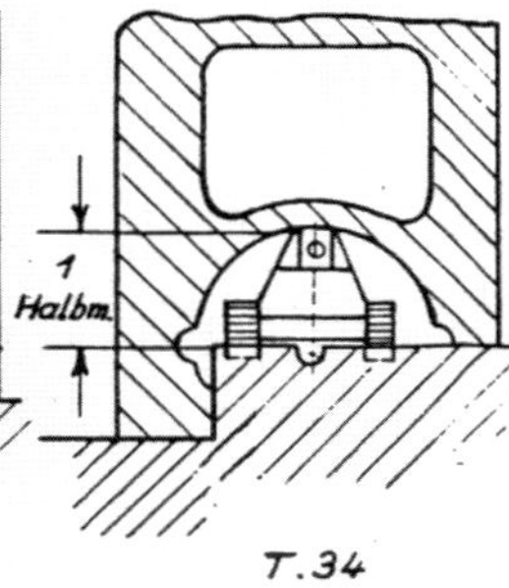

T.34
Drauflosfahrt
75m

Bild 13

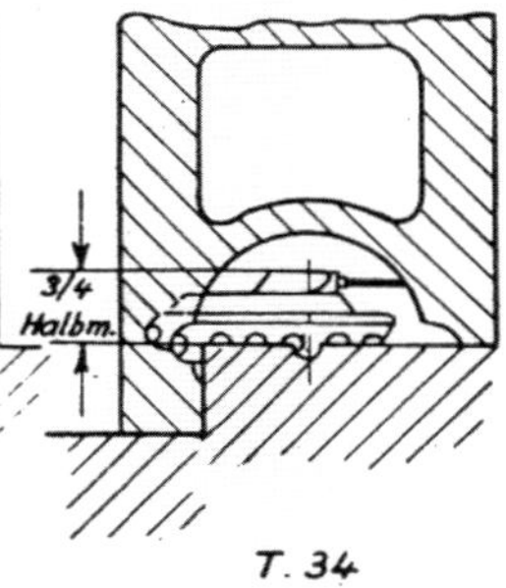

T.34
Querfahrt v. links
100m

Bild 14

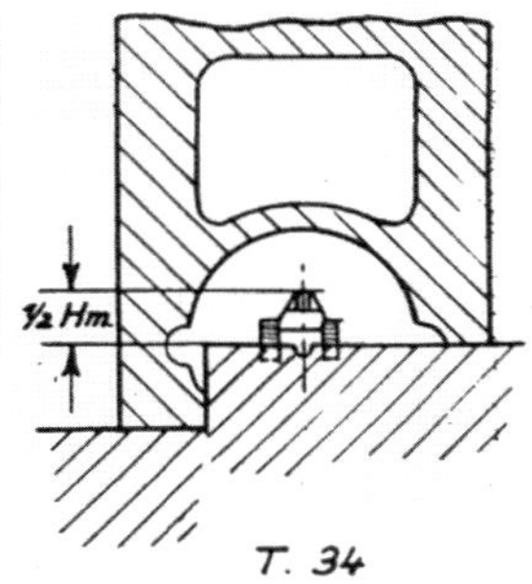

T. 34
Drauflosfahrt
150 m

(7) Raum für Bemerkungen.

Staubschutzkappe aus Pappkarton für den Transport.

abgeschossene große Panzergranate könnte so einen Ausgleich schaffen und die Granatbüchse, die im Kampf selbst unhandlich ist, überflüssig machen bzw. ablösen.«
In den knapp 5 Monaten ihrer Fertigung wurden insgesamt 28.023 Granatbüchsen 39 hergestellt (1.416 Stück in 1942 und 26.607 Stück in 1943). Gegen Kriegsende betrug der Gesamtbestand lediglich noch 2.999 Stück, von denen wiederum nur ganze 116 Stück im Fronteinsatz standen.
Die Anstrengungen zur Stärkung der Panzerabwehr brachten mitunter sehr seltsame Konstruktionen hervor. Eine davon ist zweifellos die 5-Schuss-Ausführung der Granatbüchse 39. Um die Schussfolge zu erhöhen und den Soldaten zum Nachladen von vorne das Erheben aus der Deckung bzw. das Einziehen der Waffe zu ersparen, bekam diese Granatbüchse eine Trommel für 5 Granaten auf den Lauf gesetzt. Somit musste lediglich noch die Treibpatrone nach jedem Schuss geladen werden. Die Waffe selber konnte auf das Ziel gerichtet bleiben. Über die Kurbel unterhalb des Laufes war es möglich, die nächste geladene Kammer vor den Lauf zu drehen. Unterlagen über die Entwicklung und einer möglichen Erprobung sind bislang nicht bekannt, jedoch ist die Waffe in dieser Form für den Fronteinsatz viel zu fragil konstruiert. Der Kurbelmechanismus hätte den Einflüssen eines harten Einsatzes sicherlich nicht lange standgehalten.

Mit knapp über 10 kg wog die Granatbüchse 39 etwa genauso viel wie ein Maschinengewehr MG 42. Hier wartet eine Kampfgruppe in Russland auf weitere Befehle.

Finnland erhielt einige Granatbüchsen 39 als Unterstützung im Kampf gegen die Rote Armee. [SA KUVA]

Auch die Munition stammte aus Deutschland. Die Große Gewehr-Panzergranate nannte man in Finnland »45 kiv. panssarikranaatti« [SA KUVA]

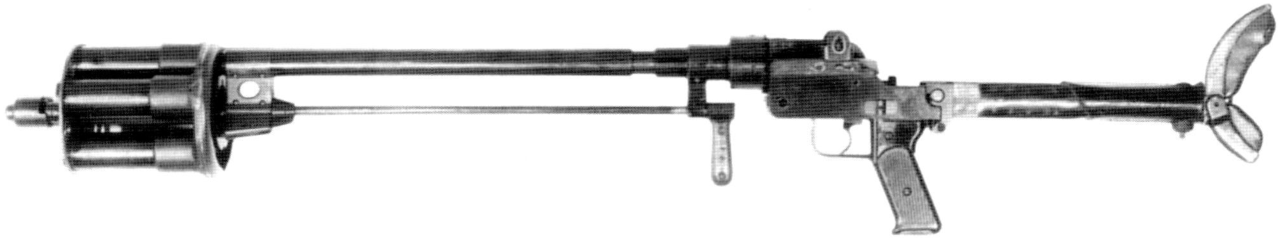

Gesamtansicht der 5-Schuss-Granatbüchse. Man beachte die lange ungeschützte Welle zwischen Trommel und Kurbel.

Die Trommel besteht aus fünf Drallrohren des Gewehrgranatgeräts.

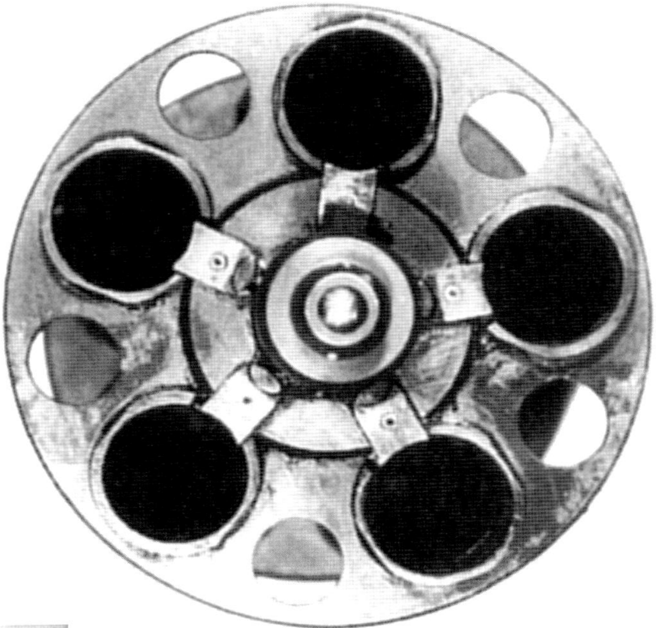

Ansicht der Trommel von vorne.

Antreten einer finnischen Ausbildungseinheit auf einem Übungsgelände. Mit dabei eine Granatbüchse 39. [SA KUVA]

Technische Daten:	
Kaliber:	7,92 x 94 mm
Länge:	123 cm
Lauflänge:	59,0 cm
Gewicht (ungeladen):	10,5 kg
Magazinkapazität:	Einzellader

Panzerbüchse 40

Noch während die Fertigung der Panzerbüchse 39 in vollem Gange war, forderte das Heereswaffenamt 1940 die deutschen Waffenbauer zur Entwicklung einer effektiveren Waffe auf. Mehrere Firmen nahmen sich der Aufgabe an und stellten schwere Maschinengewehre vor. Mauser beispielsweise das MG 141, eine Waffe mit Gurtzuführung und austauschbarem Lauf für die Kaliber 7,92 oder 13 mm. Das MG war 181 cm lang und wog 25,5 kg im kleineren bzw. 27,3 kg im größeren Kaliber. Das Waffenamt lehnte diese Entwicklung jedoch ab, genauso wie die Entwürfe von Steyr, Krieghoff und Gustloff. Ein Maschinengewehr schien für diese Aufgabe nicht geeignet zu sein.

Nun forderte das Waffenamt Einreichungen für eine »Panzerbüchse 40« mit 8-Schuss-Magazin. Die genauen Vorgaben dafür sind nicht bekannt, aber alle eingereichten Vorschläge nutzten den Lauf der Pz.B.39 und als Munition die Patrone 318. Im Juli 1941 standen mehrere Prototypen von vier Firmen für Vergleichstests bereit:

Mauser AG, Oberndorf:	
Bezeichnung	Pz.B 40 (M)
Waffenart	Gasdrucklader
Verschlusssystem	Drehkopfverschluss
Munitionszuführung	Magazin seitlich von links eingeschoben
Schussfolge	ca. 32 Schuss/Minute
Hülsenauswurf	seitlich rechts
Gewicht (ungeladen)	12,5 kg
Länge	167 cm
Lauflänge	108,5 cm
Waffenteile	ca. 120 Stück

Die Panzerbüchse von Mauser war ein Gasdrucklader und funktionierte nicht zuverlässig.

Trotz aller Erfahrung im Waffenbau hatte Mauser bei diesem Projekt keine glückliche Hand. Der einzige fertiggestellte Prototyp funktionierte nicht zuverlässig und das Waffenamt brach die Versuche damit ab. Der Bericht dazu schließt mit der Erkenntnis, dass Gasdruckselbstlader mit Drehkopfverschluss für hohe Gasdrücke ungeeignet sind.

Gustloff-Werke, Suhl:	
Bezeichnung	Pz.B 40 (G)
Waffenart	Gasdrucklader
Verschlusssystem	Stützklappenverschluss
Munitionszuführung	Magazin seitlich von links eingeschoben
Schussfolge	ca. 32 Schuss/Minute
Hülsenauswurf	seitlich rechts
Gewicht (ungeladen)	13,5 kg
Länge	166 cm
Lauflänge	108,5 cm
Waffenteile	ca. 100 Stück

Auch die Waffe der Gustloff-Werke war ein Gasdrucklader und überstand einen Dauerbeschuss mit 11.000 Schuss.

Etwas besser lief es zunächst bei der Firma Gustloff. Das erste Muster schied zwar wegen seinem hohen Gewicht von 18 kg aus, aber das nächste Muster überstand den Dauerbeschuss mit 11.000 Schuss, diente dann zur Gasdruckmessung und als Vorlage zur Konstruktion eines Gasdruckreglers. Muster 03 überstand ebenfalls einen Dauerbeschuss. Die weiteren zwei geplanten Muster kamen nicht mehr zur Auslieferung denn Gustloff stoppte alle Arbeiten daran. Auch eine teilzerlegbare Waffe für Abwurfversuche durch Fallschirmjäger blieb unvollendet. Unter der Bezeichnung Panzerbüchse 44 lieferte Gustloff nochmals einen Prototypen an das Waffenamt. Diesmal mit Kippriegelverschluss. Doch gleich zu Beginn der Versuche wurde die Waffe irreparabel beschädigt. Im Bericht heißt es dazu »Kippriegelverschlußsystem eignet sich nicht für kleinere Kaliber bei hohen Gasdrücken. Entwicklung wird eingestellt.«

Carl Walther, Zella-Mehlis:	
Bezeichnung	Pz.B 40 (W)
Waffenart	Gasdrucklader
Verschlusssystem	Stützklappenverschluss
Munitionszuführung	Magazin von unten eingeschoben
Schussfolge	ca. 32 Schuss/Minute
Hülsenauswurf	nach oben
Gewicht (ungeladen)	14,5 kg
Länge	177 cm
Lauflänge	108,5 cm
Waffenteile	ca. 120 Stück

Carl Walthers Muster Nummer 05 schoss sogar Feuerstöße.

Walther übergab dem Waffenamt fünf Prototypen. Davon wurde laut Bericht vom 15. Juli 1941 der erste gleich durch eine Explosion zerstört. Auch die Muster 02 und 03 funktionierten nicht zuverlässig, schieden nach Beschädigungen aus und erhielten den Vermerk »nicht schützensicher«. Muster 04 hielt einen Dauerbeschuss mit 4.700 Schuss durch und diente unter anderem zur Gasdruckmessung. Die Nr. 05 wich in der Konstruktion ab und verfügte über eine Umschaltmöglichkeit zwischen Einzel- und Dauerfeuer. Sie stand einen Dauerbeschuss mit 6.600 Schuss durch. Ein weiteres Muster befand sich noch in der Herstellung. Bei ihm wären viele Frästeile durch Blechprägeteile vom Hersteller Merz-Werke Frankfurt ersetzt worden. Doch die Versuche mit Walthers Panzerbüchsen wurden wegen den Funktionsmängeln noch vor Fertigstellung dieses gewichtserleichterten Musters abgebrochen.

Heinrich Krieghoff, Suhl:	
Bezeichnung	Pz.B 40 (K)
Waffenart	Gasdrucklader
Verschlusssystem	Fallblockverschluss
Munitionszuführung	Magazin seitlich von links eingeschoben
Schussfolge	ca. 32 Schuss/Minute
Hülsenauswurf	seitlich rechts
Gewicht (ungeladen)	14 kg
Länge	157 cm
Lauflänge	108,5 cm
Waffenteile	ca. 114 Stück

Krieghoff reichte sieben verschiedene Muster zur Erprobung ein. Bei dieser Waffe hier diente die Schulterstütze auch als Erdsporn.

Der bekannte Jagdwaffenhersteller Heinrich Krieghoff aus Suhl baute während des Krieges seine Militärwaffenfertigung immer weiter aus. Neben Pistolen 08, Maschinengewehren 131 und dem bekannten Fallschirmjäger-Gewehr 42 bemühte sich die Firma auch um eine Panzerbüchse. Ein erstes Exemplar wurde bereits im Oktober 1940 in Kummersdorf vorgeführt. Darauf aufbauend reichte Krieghoff jetzt insgesamt sieben Muster als Pz.B.40 (K) ein. Alle Waffen unterschieden sich mehr oder weniger, so dass das Waffenamt verschiedene Varianten durchprobieren konnte. Das zweite Muster durchlief einen Dauerbeschuss mit 11.000 Schuss. Muster 03 besaß zahlreiche Blechprägeteile der Württembergischen Metallwarenfabrik (WMF) in Geislingen/Steige. Bei Muster 04 konnte der Schütze zwischen Einzel- und Dauerfeuer umschalten. Das letzte Muster 07 ging nach Darmstadt zur Erprobung einer Gasdruckregelvorrichtung.

Auch wenn die Funktion als Halb- oder Vollautomat eine Verbesserung im Gefecht gebracht hätte, so war eigentlich bereits vor dieser Ausschreibung längst klar, dass die Patrone 318 für die Panzerbekämpfung keine Zukunft hatte. Und so fiel auch das Ergebnis wenig überraschend aus: wegen mangelhafter Durchschlagsleistung und hohem Gewicht verfolgte das Waffenamt keinen dieser Entwürfe weiter.

Stattdessen wählte das Waffenamt nun das größere Kaliber 15 mm und schrieb die Entwicklung einer »Panzerbüchse 243« aus. Gustloff, Krieghoff und die Waffenwerke Brünn beteiligten sich erfolglos, denn wieder mangelte es an der Durchschlagsleistung. Das vom Waffenamt erhoffte Wunder konnte eben kein Konstrukteur vollbringen. Nach Ausschöpfen aller denkbaren Möglichkeiten blieb nur noch eine weitere Vergrößerung des Kalibers übrig.

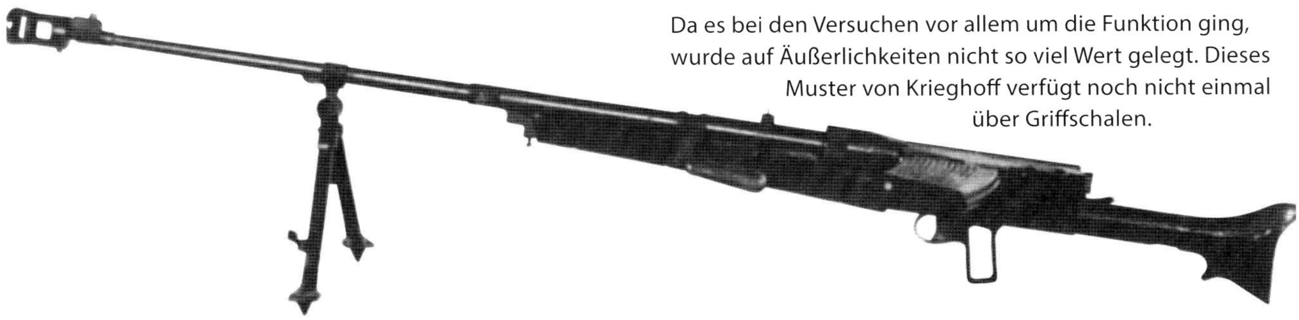

Da es bei den Versuchen vor allem um die Funktion ging, wurde auf Äußerlichkeiten nicht so viel Wert gelegt. Dieses Muster von Krieghoff verfügt noch nicht einmal über Griffschalen.

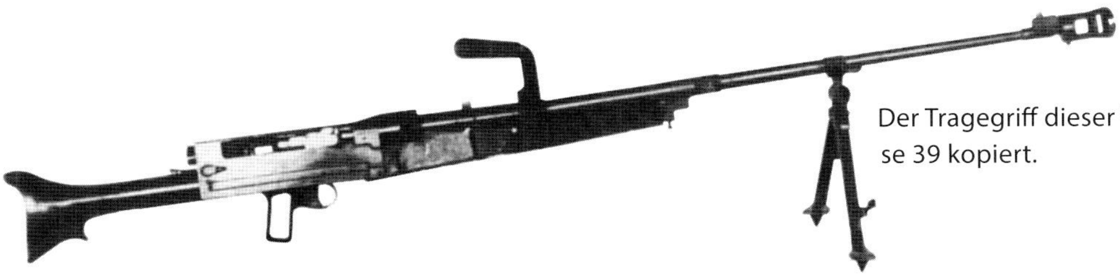

Der Tragegriff dieser Waffe ist von der Granatbüchse 39 kopiert.

Die 5-schüssige ZK 382 im Kaliber 7,92 x 145 mm während der Erprobung in Brünn 1938.

herum und der Ladevorgang läuft folgendermaßen ab: Der Schütze greift mit seiner rechten Hand das Griffstück und schwenkt es ca. 80 Grad nach rechts oben. Dabei wird eine Schelle bewegt, die Lauf und Gehäuse miteinander verriegelt. Nach dem Entriegeln kann das Griffstück mitsamt Lauf nach vorne geschoben werden. Eine eventuell vorhandene leere Hülse wird dabei nach unten ausgeworfen. Beim Zurückziehen schiebt der Lauf eine neue Patrone aus dem stationären Magazin in das Patronenlager. In der hintersten Stellung angelangt, schwenkt der Schütze das Griffstück wieder nach unten und verbindet so den Lauf wieder fest mit dem Gehäuse.

Das Visier der Pz.B. M.SS41 war auf 500 Meter eingeschossen; Kimme und Korn waren nicht verstellbar. Sie konnten aber bei Nichtgebraucht abgeklappt werden. Zur Reduzierung des Rückstoßes besaß der Lauf eine Mündungsbremse und die Schulterstütze war gut gepolstert. Das abklappbare Zweibein stammt von den tschechischen Maschinengewehr-Modellen. Aber auch das Zweibein des MG 34 paßte in die Halterung und konnte verwendet werden.

Auch wenn die Pz.B. M.SS41 gegenüber den Wehrmachts-Panzerbüchsen einige Vorteile bot, so konnte sie den Untergang dieser Waffengattung doch nicht aufhalten. Die Durchschlagskraft betrug bei 90° Auftreffwinkel 30 mm Panzerstahl auf 100 m bzw. 20 mm auf 300 m. Und selbst wenn das Geschoss die Panzerung durchschlug, so war der Panzer meistens noch nicht außer Gefecht gesetzt. Gegen starke Panzerungen war ein Einsatz aussichtslos. Im Februar 1943 teilten die Waffenwerke dem SS-Waffenamt mit, daß sich die Restlieferung von 58 Stück bis in den März verzögern wird. Danach folgte keine weitere Fertigung mehr. Die Zukunft gehörte zweifelsohne den Panzerabwehrwaffen mit Raketenantrieb – einer neuen Waffenart, an der auch die Entwickler der Brünner SS-Waffenakademie schon fleißig tüftelten.

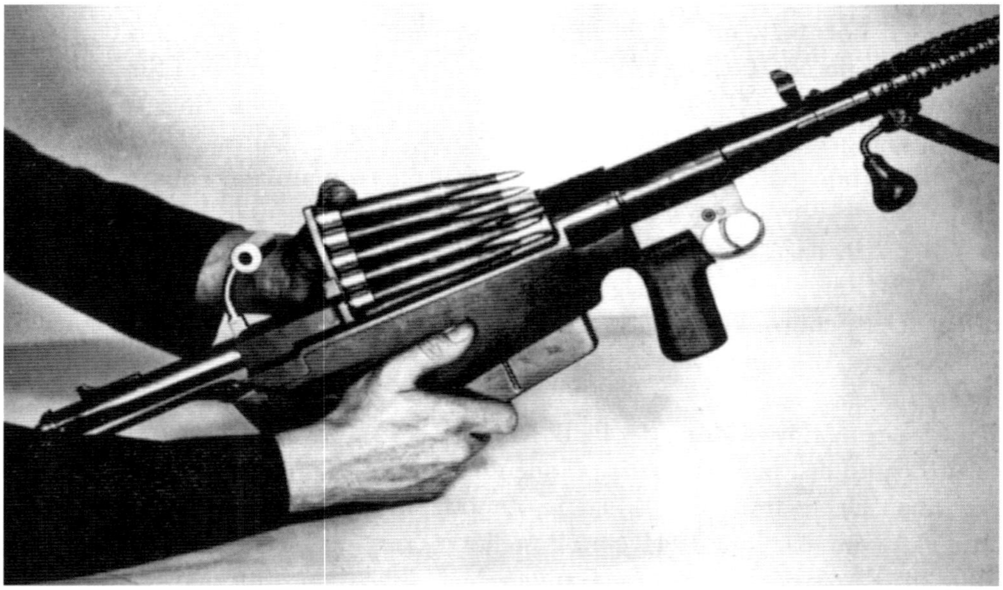

Die Patronen für die ZK 382 wurden auf Ladestreifen geliefert.

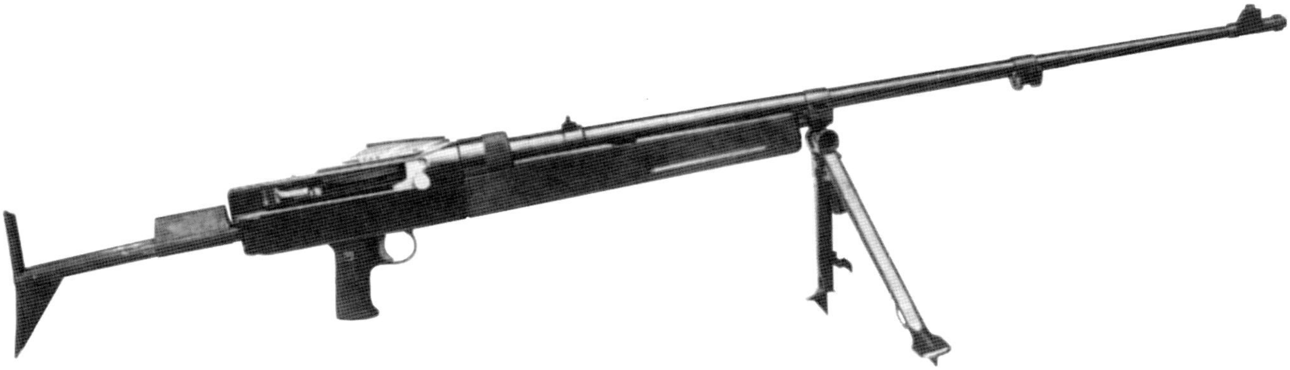

Krieghoff reichte sieben verschiedene Muster zur Erprobung ein. Bei dieser Waffe hier diente die Schulterstütze auch als Erdsporn.

Der bekannte Jagdwaffenhersteller Heinrich Krieghoff aus Suhl baute während des Krieges seine Militärwaffenfertigung immer weiter aus. Neben Pistolen 08, Maschinengewehren 131 und dem bekannten Fallschirmjäger-Gewehr 42 bemühte sich die Firma auch um eine Panzerbüchse. Ein erstes Exemplar wurde bereits im Oktober 1940 in Kummersdorf vorgeführt. Darauf aufbauend reichte Krieghoff jetzt insgesamt sieben Muster als Pz.B.40 (K) ein. Alle Waffen unterschieden sich mehr oder weniger, so dass das Waffenamt verschiedene Varianten durchprobieren konnte. Das zweite Muster durchlief einen Dauerbeschuss mit 11.000 Schuss. Muster 03 besaß zahlreiche Blechprägeteile der Württembergischen Metallwarenfabrik (WMF) in Geislingen/Steige. Bei Muster 04 konnte der Schütze zwischen Einzel- und Dauerfeuer umschalten. Das letzte Muster 07 ging nach Darmstadt zur Erprobung einer Gasdruckregelvorrichtung.

Auch wenn die Funktion als Halb- oder Vollautomat eine Verbesserung im Gefecht gebracht hätte, so war eigentlich bereits vor dieser Ausschreibung längst klar, dass die Patrone 318 für die Panzerbekämpfung keine Zukunft hatte. Und so fiel auch das Ergebnis wenig überraschend aus: wegen mangelhafter Durchschlagsleistung und hohem Gewicht verfolgte das Waffenamt keinen dieser Entwürfe weiter.

Stattdessen wählte das Waffenamt nun das größere Kaliber 15 mm und schrieb die Entwicklung einer »Panzerbüchse 243« aus. Gustloff, Krieghoff und die Waffenwerke Brünn beteiligten sich erfolglos, denn wieder mangelte es an der Durchschlagsleistung. Das vom Waffenamt erhoffte Wunder konnte eben kein Konstrukteur vollbringen. Nach Ausschöpfen aller denkbaren Möglichkeiten blieb nur noch eine weitere Vergrößerung des Kalibers übrig.

Da es bei den Versuchen vor allem um die Funktion ging, wurde auf Äußerlichkeiten nicht so viel Wert gelegt. Dieses Muster von Krieghoff verfügt noch nicht einmal über Griffschalen.

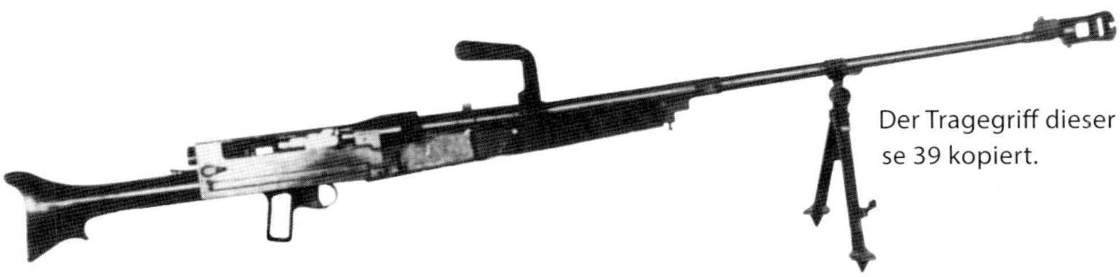

Der Tragegriff dieser Waffe ist von der Granatbüchse 39 kopiert.

Panzerbüchse M.SS41

Nach der Annexion des Sudetenlandes und der Zerschlagung der Tschechoslowakei infolge des Münchner Abkommens 1938 gelangte auch die gesamte dortige Rüstungsindustrie in den deutschen Machtbereich. Darunter so bedeutende Firmen wie Skoda. Die Tschechen waren sehr fortschrittlich im Waffenbau, verfügten über viel Erfahrung und modern ausgestattete Fabriken. Auch der Großkonzern Československá zbrojovka a.s. Brno (Tschechoslowakische Waffenfabrik AG Brünn) wurde unter deutsche Verwaltung gestellt.

In der Zeit von 1938 bis 1945 war der Konzern unter dem Namen Waffenwerke Brünn I (Brünn) und II (Bystrica) an die Reichswerke Hermann Göring angegliedert und stellte Kriegsgerät für Wehrmacht und SS her. Neben deutschen Waffen wie dem Karabiner 98k wurden auch tschechische Vorkriegsentwicklungen unter neuer Bezeichnung weitergefertigt. So beispielsweise das Vz. 24 als Gewehr 24(t), das ZB vz.26 als MG 26(t) und das ZB vz.37 als MG 37(t). Das (t) in der deutschen Bezeichnung steht für tschechisch.

Die meisten dieser Waffen gingen direkt an die Waffen-SS. Ihr war es recht schnell gelungen, die völlige Kontrolle über die Waffenwerke zu erlangen. Nachdem die Wehrmacht bevorzugt ausgerüstet und versorgt wurde, musste die Führung der SS nach geeigneten Möglichkeiten zur Selbstversorgung suchen – und wurde in Brünn fündig. Die Entwicklungsabteilung der Waffenwerke arbeitete von nun als Teil der »SS-Waffenakademie Brünn« an der Umsetzung zahlreicher innovativer Ideen, was über den offiziellen Dienstweg mit Einschaltung des Heereswaffenamtes aufgrund des Konkurrenzdenkens von Wehrmacht und SS nicht möglich gewesen wäre.

Eine der in Brünn für die Waffen-SS gefertigten Waffen war die Panzerbüchse M.SS41 im Kaliber 7,92 mm. Auch sie basiert ursprünglich auf einer tschechischen Vorkriegsentwicklung. Das Verteidigungsministerium der Tschechoslowakei hatte 1937 die Entwicklung dreier Panzerabwehrwaffen in den Kalibern 7,92, 13 und 15 mm gefordert. Bereits ein Jahr später stand die erste Waffe im Kaliber 7,92 x 145 mm zur Erprobung bereit. Sie erhielt die Modellbezeichnung ZK 382. Mit ihrem 5-Schuss-Magazin wog sie 10,5 kg und das Verteidigungsministerium zeigte großes Interesse an einer Einführung. Ein Bedarf von 10.000 Stück wurde dem Hersteller in Aussicht gestellt.

Doch dann marschierten deutsche Truppen in der Tschechoslowakei ein und die Konstruktion wur-

Die Panzerbüchse M.SS41 (sihe auch nächste Seite oben) war die erste jemals in einer Armee eingeführte »Bullpup«-Waffe, also mit Magazinzuführung hinter dem Abzug.

de nun unter deutscher Leitung auf die Patrone 318 (7,92 x 94 mm) angepaßt. Diese Munition fand bereits bei den eingeführten Panzerbüchsen der Wehrmacht Verwendung. Das verwendete Spitzgeschoss mit Kern enthielt noch eine Reizstoffkapsel und einen Leuchtspursatz (SmK-Rs-L'spur). Bei der Varianten SmKH-Rs-L'spur wurde ein gehärteter Stahlkern verwendet. Zudem gab es noch speziell abgedichtete Patronen in Tropen-Ausführung, sowie Platz-, Exerzier- und Werkzeugpatronen.

Am 16. Dezember 1939 bestellte das SS-Führungshauptamt (Zentralzeugamt) bei den Waffenwerken Brünn 117 Panzerbüchsen im Kaliber 15 mm und 2.000 Stück im Kaliber 7,9 mm. Bis Januar 1941 waren die ersten tausend Waffen fertiggestellt und es fanden nochmals umfangreiche Schießversuche mit der Waffe Nr.1001 statt. Die Auslieferung erfolgte in Losen zu 150 Stück mitsamt Zubehör an das SS-Hauptzeugamt in Oranienburg.

Die Panzerbüchsen der Wehrmacht waren lange, unhandliche Einzellader mit Fallblockverschluss. Im Gegensatz dazu war die Pz.B. M.SS41 als Mehrladewaffe (Repetierer) mit Magazinzuführung ausgelegt. Der Schütze konnte also das Ziel im Visier behalten und mit einer Magazinfüllung bis zu sechs mal schießen.

Die SS-eigene Entwicklung der Pz.B. M.SS41 sorgte zu Beginn erst einmal für Irritationen beim Allgemeinen Heeresamt (AHA). Das SS-Zentralzeugamt hatte am 10. Juni 1941 eine Bestellung über 200.000 Panzerbüchsenpatronen aufgegeben, woraus das AHA folgerichtig schloss, dass die SS die Entwicklung einer eigenen Panzerbüchse begonnen hatte. Prompt kam die Antwort, daß sowohl AHA als auch der Chef H.Rüst.u.B.d.E. einen »ablehnenden Standpunkt« einnehmen. Die SS ließ sich davon jedoch nicht von ihren Plänen abbringen. Im Oktober erging eine Anfrage an die Firma Gustav Appel zur Fertigung von 3 bis 4 Läufen aus unlegiertem Stahl nach dem neuen Hämmerverfahren. Dadurch sollte die Lebensdauer verlängert werden. Nachdem das AHA auch davon Wind bekam, erhielt das SS-Zentralzeugamt umgehend ein ablehnendes Schreiben: Die Firma Appel sei eine Entwicklungsfirma des Heereswaffenamtes und bereits voll ausgelastet. Somit musste die SS ihre Läufe weiterhin aus dem teuren legierten Stahl herstellen.

Die Pz.B. M.SS41 ist eine äußerst ungewöhnliche Konstruktion für ihre Zeit: Sie ist nämlich die erste jemals in einer Armee eingeführte »Bullpup«-Waffe. Unter diesem neumodischen Begriff versteht man eine Bauart von Langwaffen, bei der sich im Gegensatz zum herkömmlichen Konzept Verschluss und Magazin hinter dem Griffstück befinden. Die Bullpup-Bauweise ist heute weit verbreitet, da solche Waffen relativ kurz gehalten werden können. Einer der bekanntesten Vertreter ist das österreichische Sturmgewehr Steyr AUG. Auch die Pz.B. M.SS41 war kurz – sie maß lediglich 134 cm und somit 28 cm weniger als die Pz.B. 38.

Üblicherweise wird beim Nachladen einer Waffe der Verschluss vor und zurück bewegt, während der Lauf mit dem Patronenlager fest in seiner Position verbleibt. Bei der Pz.B. M.SS41 ist es genau anders-

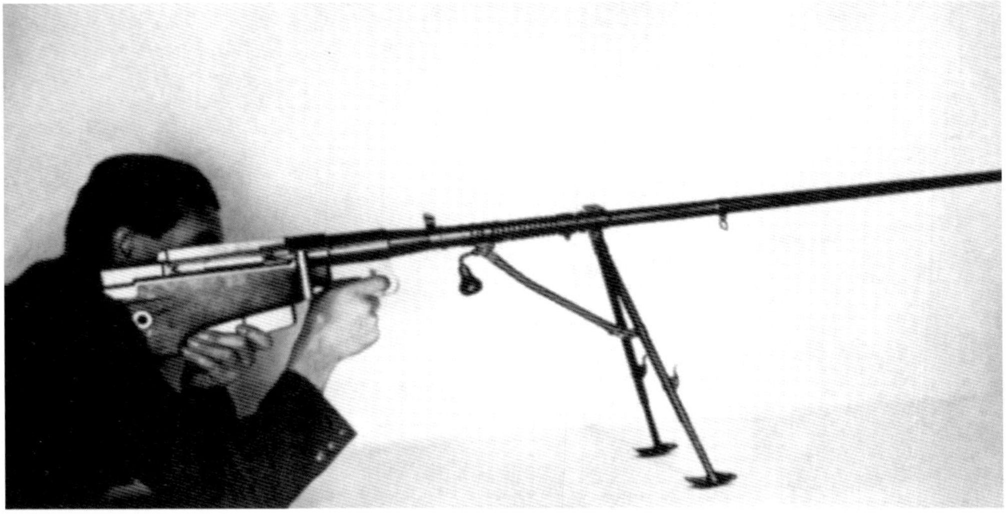

Die 5-schüssige ZK 382 im Kaliber 7,92 x 145 mm während der Erprobung in Brünn 1938.

herum und der Ladevorgang läuft folgendermaßen ab: Der Schütze greift mit seiner rechten Hand das Griffstück und schwenkt es ca. 80 Grad nach rechts oben. Dabei wird eine Schelle bewegt, die Lauf und Gehäuse miteinander verriegelt. Nach dem Entriegeln kann das Griffstück mitsamt Lauf nach vorne geschoben werden. Eine eventuell vorhandene leere Hülse wird dabei nach unten ausgeworfen. Beim Zurückziehen schiebt der Lauf eine neue Patrone aus dem stationären Magazin in das Patronenlager. In der hintersten Stellung angelangt, schwenkt der Schütze das Griffstück wieder nach unten und verbindet so den Lauf wieder fest mit dem Gehäuse.
Das Visier der Pz.B. M.SS41 war auf 500 Meter eingeschossen; Kimme und Korn waren nicht verstellbar. Sie konnten aber bei Nichtgebraucht abgeklappt werden. Zur Reduzierung des Rückstoßes besaß der Lauf eine Mündungsbremse und die Schulterstütze war gut gepolstert. Das abklappbare Zweibein stammt von den tschechischen Maschinengewehr-Modellen. Aber auch das Zweibein des MG 34 paßte in die Halterung und konnte verwendet werden.
Auch wenn die Pz.B. M.SS41 gegenüber den Wehrmachts-Panzerbüchsen einige Vorteile bot, so konnte sie den Untergang dieser Waffengattung doch nicht aufhalten. Die Durchschlagskraft betrug bei 90° Auftreffwinkel 30 mm Panzerstahl auf 100 m bzw. 20 mm auf 300 m. Und selbst wenn das Geschoss die Panzerung durchschlug, so war der Panzer meistens noch nicht außer Gefecht gesetzt. Gegen starke Panzerungen war ein Einsatz aussichtslos. Im Februar 1943 teilten die Waffenwerke dem SS-Waffenamt mit, daß sich die Restlieferung von 58 Stück bis in den März verzögern wird. Danach folgte keine weitere Fertigung mehr. Die Zukunft gehörte zweifelsohne den Panzerabwehrwaffen mit Raketenantrieb – einer neuen Waffenart, an der auch die Entwickler der Brünner SS-Waffenakademie schon fleißig tüftelten.

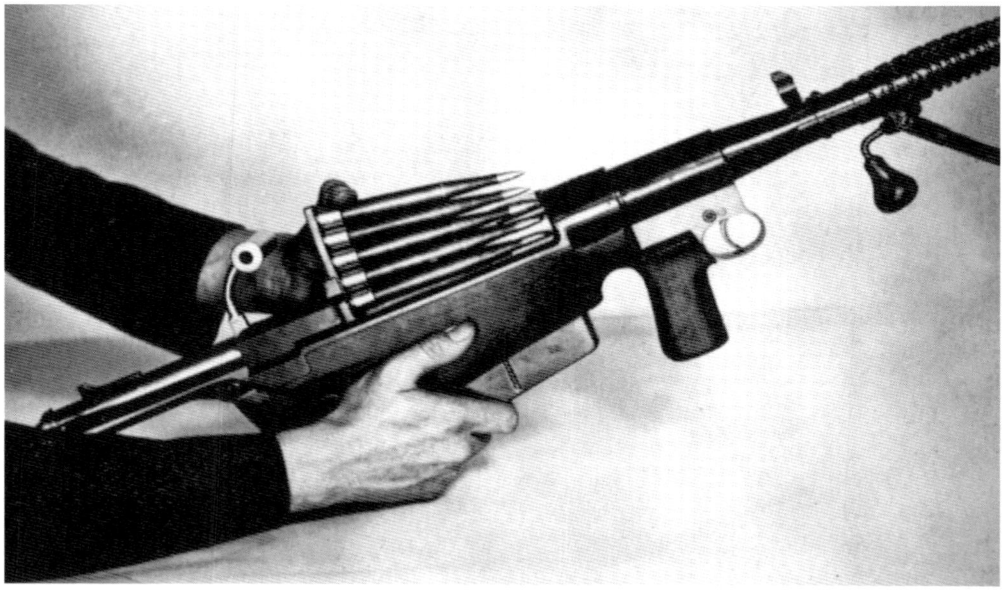

Die Patronen für die ZK 382 wurden auf Ladestreifen geliefert.

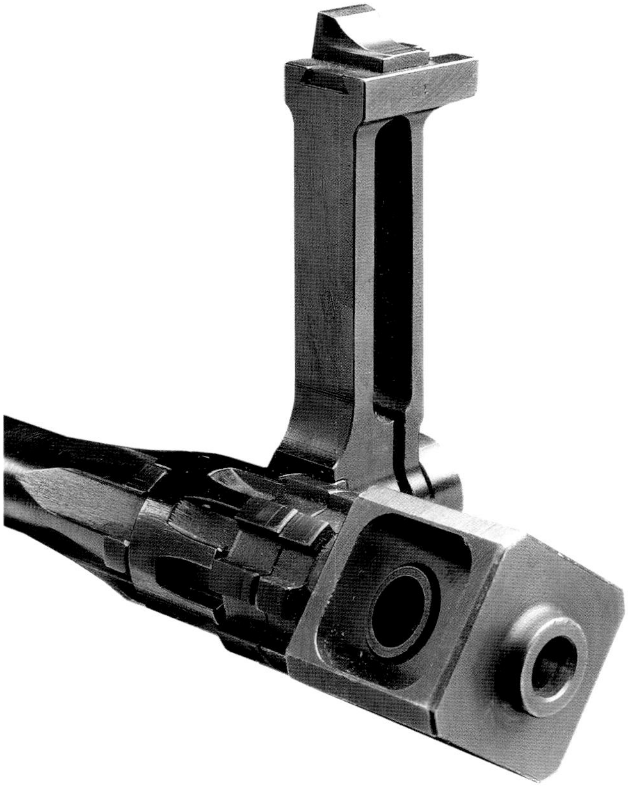

Die Mündungsbremse reduzierte den Rückstoß erheblich. Das Korn war abklappbar.

Links neben dem Griff der M.SS41 befindet sich der Sicherungshebel.

Modellbezeichung und Abnahmestempel »SSZZA2« (SS-Zentralzeugamt 2 in Prag).

Technische Daten:	
Kaliber:	7,92 x 94 mm
Länge:	1339 mm
Lauflänge:	1102 mm
Gewicht (ungeladen):	13,5 kg
Magazinkapazität:	6 Patronen

Schwere Panzerbüchse 41

Die Firma Rheinmetall hatte durch ihre langjährige Verbindung in die Schweiz bereits Erfahrung mit den Solothurner 20-mm-Panzerbüchsen der S 18-Reihe gesammelt. Mauser in Oberndorf experimentierte mit konischen Läufen und entwickelte unter anderem die Maschinenkanone MK 8202. Deren Lauf verjüngt sich zur Mündung hin vom Kaliber 28 mm auf 20 mm. Die MK besaß zunächst ein Magazin für 18 Schuss. Auf Basis dieser beiden Konstruktionen entstand eine neue Waffe, die eigentlich schon eher ein kleines Geschütz darstellte. Nach dem bei Mauser gefertigten und Ende August 1940 an das Waffenamt ausgelieferten Versuchsauftrag über 90 Stück waren noch ein

Selbst in renommierten Museen ist die s.Pz.B.41 heutzutage selten zu finden. Viele Waffen wurden noch vor Kriegsende verschrottet.

paar Änderungen notwendig, dann erfolgte die offizielle Einführung als »Schwere Panzerbüchse 41« (s.Pz.B.41).
Der deutsche Ingenieur Hermann Gerlich beschäftigte sich schon vor dem Krieg intensiv mit konischen Läufen und dazu passenden Flanschgeschossen. Er hatte erkannt, dass sich damit sehr hohe Geschossgeschwindigkeiten erreichen lassen. Beim Geschoss der 2,8-cm-Panzergranatpatrone 41 für die s.Pz.B.41 war in einem Mantel aus Weichmetall ein sehr harter Kern aus Wolframcarbid eingebettet. Der Mantel besaß umlaufende Stulpen, die dem Gasdruck zunächst eine große Angriffsfläche boten und beim Durchlaufen des konischen Rohres immer weiter zusammengedrückt wurden, wodurch das Geschoss eine außenballistisch günstige Form erhielt und sich der Luftwiderstand für den Flug nach Verlassen des Rohres verringerte. Zudem konnte in der großen Patronenhülse mehr Treibladungspulver untergebracht werden.
Das Geschoss der s.Pz.B.41 erreichte eine Mündungsgeschwindigkeit von 1.400 m/s und die beachtliche Durchschlagsleistung von 65 mm Panzerstahl bei 60° Auftreffwinkel auf 100 Meter. Bei senkrechtem Auftreffen schaffte das Geschoss sogar 94 mm. Allerdings wirkt sich bei konischen Läufen das Verhältnis von Geschossgewicht und Geschossquerschnitt auf größere Entfernungen ballistisch ungünstig aus, so dass die Geschossgeschwindigkeit und damit auch die Durchschlagsleistung rapide abnehmen, während gleichzeitig die Streuung zunimmt. Laut Anleitung betrug die sinnvolle Höchstschussweite 600 Meter. Die Lebensdauer eines Rohres lag bei etwa 500 Schuss.
Die Pzgr.Patr.41 wog 650 Gramm und enthielt 150 Gramm Treibladungspulver. Davon entfielen 120 Gramm auf das Geschoss, in dem ein 41 mm langer Wolframkern von 11 mm Durchmesser und 50 Gramm Gewicht steckte. Gegen Weichziele stand noch die 2,8-cm-Sprenggranatpatrone 41 zur Verfügung, sowie zur Ausbildung verschiedene Übungs-, Platz- und Exerzierpatronen.
Die s.Pz.B.41 war ein Einzellader mit waagerechtem Keilverschluss, Flüssigkeitsbremse und Stahlblechlafette mit Spreizholmen. Das Richten in der Höhe und zur Seite erfolgte durch freihändiges Einrichten der Waffe mit Hilfe des Richtarms

Diese von den Alliierten erbeutete s.Pz.B.41 wurde zur Untersuchung nach Aberdeen Proving Ground verschifft. Im Vordergrund steht eine 2,8 cm Pzgr.Patr.41. [APG]

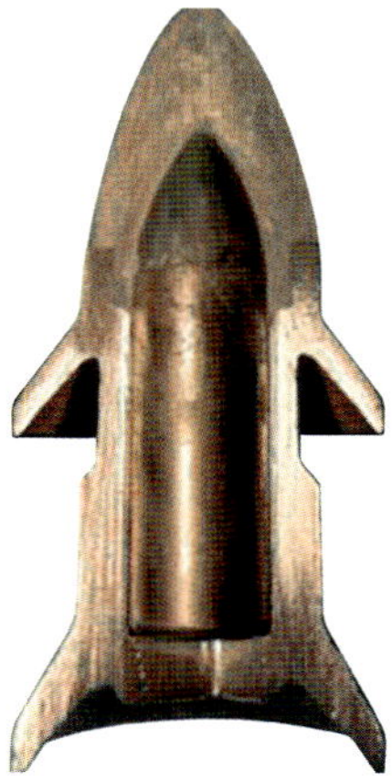

In einem Mantel aus Weichmetall ist ein sehr harter Kern aus Wolframcarbid eingebettet.

Das Geschoss der 2,8-cm-Panzergranatpatrone 41 erreichte eine Mündungsgeschwindigkeit von 1.400 m/s und die beachtliche Durchschlagsleistung von 94 mm Panzerstahl bei senkrechtem Auftreffen auf 100 Meter.

Grundsätze für das Schießverfahren gegen schwer zu bekämpfende Panzerfahrzeuge

1. **Ruhe** und **Kaltblütigkeit** bewahren: Panzer so nahe herankommen lassen, daß die „schwachen Stellen" ausgemacht werden können!
2. Feuerstellung gut **tarnen!** Feuerüberfall aus kürzester Entfernung!
3. Trotz sorgfältig **gezieltem Einzelschuß hohe Feuergeschwindigkeit!**
4. Aufmerksame **Beobachtung** der **Geschoßwirkung!** Nicht jeder Treffer wirkt sofort vernichtend. Vertrauen zur Waffe behalten!
5. **Günstigen Aufschlagwinkel anstreben!** Größte Wirkung, wenn Bug oder Seitenfront voll erkennbar, schlechteste bei Schrägfahrt (45°). Auf runde oder gewölbte Türme grundsätzlich Turmmitte anhalten!
6. Die **panzerbrechende Munition** der **s Pz B 41** ist die **Hartkerngranate (*HK*)**. Verwendung bis 600 m Entfernung.

   Sprenggranaten (*Sp*) können erzielen

   behindernde Wirkung beim Beschuß von Waffenblenden, Sehschlitzen und Optik,

   vernichtende Wirkung bei günstigen Treffern auf die Motorentlüftung am Heck (Inbrandschießen).
7. In dieser Panzer-Beschußtafel bedeuten:

Munition:

HK = 2,8 cm Pzgr. Patr. 41

Sp = eingeführte Sprgr. Patr.

Wirkung:

■ = Vernichtende Wirkung

▨ = Behindernde Wirkung

□ = Keine Wirkung

Die mit Erfolg zu beschießenden „schwachen Stellen" der Panzerkampfwagen sind durch **Bezugsstriche** mit dem **Kurzzeichen** der entsprechenden Munitionsart verbunden.

Meterzahlen bei den Kurzzeichen für die Munitionsart geben die **obere Grenze der Entfernung** an, bis zu der mit Sicherheit mit einem Panzerdurchschlag zu rechnen ist.

Einzelheiten über Munitionswirkung usw. siehe im Textteil dieser Vorschrift (H. Dv. 469/3a).

Transport der s.Pz.B.41 mitsamt Radlafette auf einem Einachsanhänger mittels Kettenkrad.

Soldaten der am Atlantikwall eingesetzten Legion Freies Indien erhalten eine Einweisung in die Bedienung der s.Pz.B.41.

Zwölf Patronen passten in den luftdichten Patronenkasten aus Blech.

Dank einer passenden Protzverbindung ließ sich das einachsige Fahrgestell an den Infanteriekarren 8 anhängen.

und des Zielfernrohrs mit Dreieckabkommen. Bei Beschädigung des Zielfernrohrs konnte ein einfaches Notvisier mit Kimme und Korn in die Halterung eingeschoben werden. Dank einer passenden Protzverbindung ließ sich das einachsige Fahrgestell an den Infanteriekarren 8 anhängen. Zum Schießen verblieb die Waffe je nach Situation auf dem Fahrgestell oder wurde von diesem abgenommen. Zur Gewichtseinsparung wurde die leichte Feldlafette mit zwei kleinen Rädern entwickelt und hauptsächlich an die Fallschirmtruppe ausgegeben. Das Schutzschild war aus zwei mit Zwischenraum zusammengesetzten Panzerplatten hergestellt und schützte gegen leichte Infanteriewaffen und Splitter.

Nach der Einführung erging an Mauser eine einmalige Bestellung über 2.700 Stück. Diese Serienfer-

Auch beim Deutschen Afrikakorps tat die s.Pz.B.41 Dienst, wie hier in Tunesien im Jahre 1943.

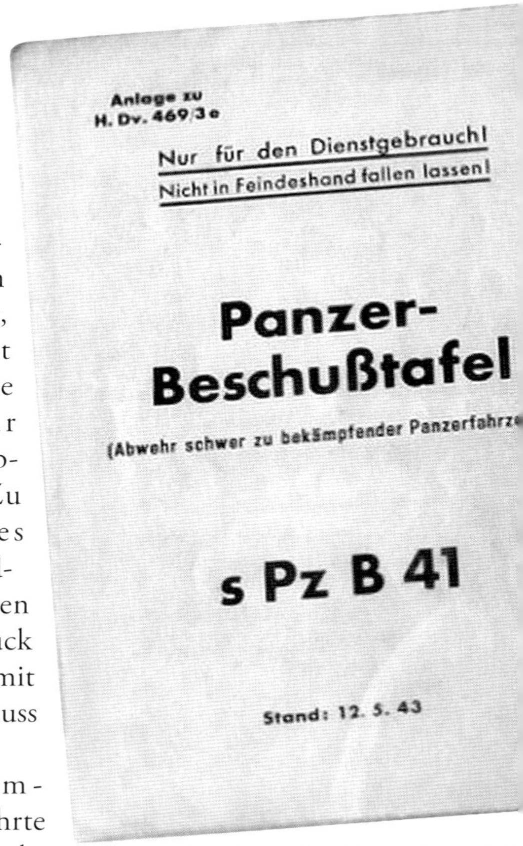

Anlage zu
H. Dv. 469/3e

Nur für den Dienstgebrauch!
Nicht in Feindeshand fallen lassen!

Panzer-
Beschußtafel

(Abwehr schwer zu bekämpfender Panzerfahrz

s Pz B 41

Stand: 12. 5. 43

Die Panzer-Beschusstafel als Anl zur H.Dv.469/3e zeigt die Schwa stellen feindlicher Panzer.

tigung lief von Februar 1941 bis September 1943. Weitere Bestellungen folgten nicht mehr, denn die Zeit für solch eine Waffe war endgültig abgelaufen. Zu Beginn des Russlandfeldzugs befanden sich 179 Stück im Einsatz, mit 532.700 Schuss Munition.

Im November 1944 führte die Wehrmacht 1.356 Stück im Bestand. Viele davon lagen allerdings schon nutzlos in irgendwelchen Depots und man übergab sie nach und nach zur Verschrottung. Bei Kriegsende befanden sich nur noch 775 Stück an der Front.

Die Herstellung beider Munitionssorten hatte bereits 1943 geendet. Zum einen hielt sich der Verbrauch in Grenzen und zum anderen zwang der Mangel an Wolfram das Deutschen Reich zur Einsparung dieses raren Rohstoffs wo immer sich eine Möglichkeit bot. Insgesamt liefen von der Sprenggranate über eine halbe Millionen Stück vom Band, und von der Panzergranate 1,6 Millionen.

Die Firma Mauser bot eine etwas abgeänderte Ausführung der s.Pz.B.41 zur Montage in Fahrzeugen als Kampfwagenkanone KwK 42 an. 24 Stück davon wurden für Versuche hergestellt. Obwohl man mit den nun innen verchromten Rohren die Lebensdauer auf 1.000 Schuss verdoppeln konnte, blieb die Durchschlagsleistung unverändert schwach und die Waffe kam nicht zur Einführung. Eine s.Pz.B.42 genannte Waffe, bei der das Ge-

Dieses Foto von einer russischen Beutewaffen-Sammelstelle zeigt neben der veralteten s.Pz.B.41 auch die Zukunft der Panzerbekämpfung: Eine Raketenpanzerbüchse zum Verschuss von Hohlladungsgranaten.

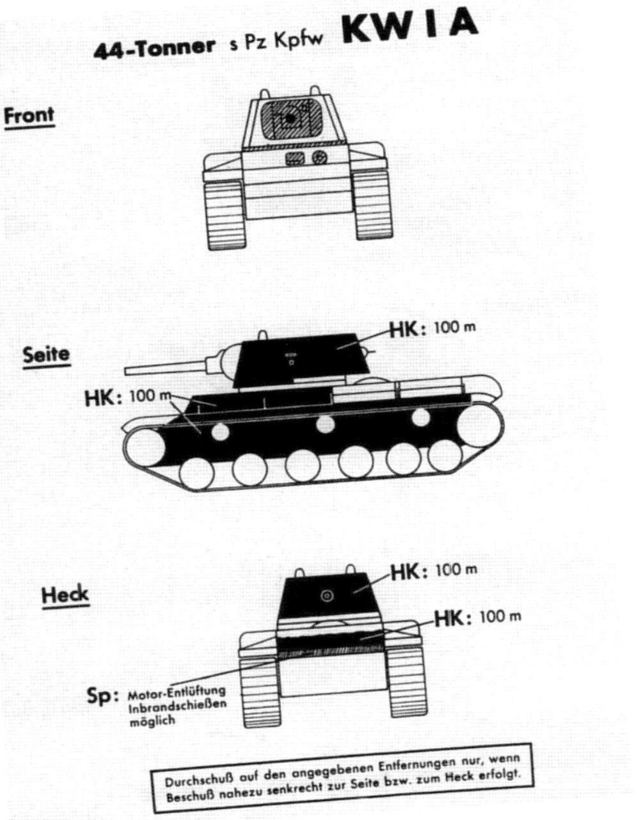

Die schweren Panzer musste man für einen wirkungsvollen Treffer bis auf 100 Meter herankommen lassen. HK steht für Hartkernpatrone und Sp für Sprengpatrone.

Durch Montage der s.Pz.B.41 auf den Schützenpanzerwagen entstand die Ausführung Sd.Kfz.250/11.

Detailaufnahme des Sd.Kfz.250/11 mit montierter s.Pz.B.41 und reduziertem Schutzschild.

schosskaliber durch das konische Rohr von 37 mm auf 27 mm reduziert wurde, war auf dem Papier fertig, aber wegen den Wolfram-Sparmaßnahmen verzichtete man auf einen Bau. Dafür entstand von der bei der SS-Waffenakademie in den Waffenwerken Brünn entwickelten Pz.B.42/27 immerhin noch ein Versuchsmuster, welches allerdings nicht zufriedenstellend funktionierte.

Technische Daten s.Pz.B.41:	
Kaliber:	28 x 187 R
Länge:	258 cm
Lauflänge:	170 cm
Gewicht (mit Radlafette):	229 kg
Gewicht (ohne Radlafette):	134 kg
Gewicht (Ausführung mit leichter Feldlafette):	118 kg
Magazinkapazität:	Einzellader

Polen

Karabin przeciwpancerny wz. 35

Die polnische Armee nutzte nach dem Ersten Weltkrieg einige Mauser Tankgewehre für Beschussversuche und zur Erprobung von Taktiken zur Panzerbekämpfung. Doch mehr tat sich auf diesem Gebiet erstmal nicht. Erst später in den 1930er-Jahren begannen eigene Arbeiten an einer Panzerbüchse.
Eine Entwicklungsgruppe unter der Leitung von Oberstleutnant Dr. Tadeusz Felsztyn suchte zunächst nach einer geeigneten Munition. Man ging davon aus, dass die deutschen und sowjetischen Kampfpanzer der nahen Zukunft etwa 15 mm stark gepanzert sein würden. Diese Panzerung sollte nun auf 400 Meter Entfernung bei 30 Grad Auftreffwinkel durchschlagen werden.
Aufgrund der Erfahrungen mit dem Tankgewehr von Mauser legten die Konstrukteure von Anfang an Wert auf ein geringes Gewicht und einen erträglichen Rückstoß. Diese Gedanken führten letztendlich zu einer Patrone mit 7,92-mm-Geschoss und einer starken Pulverfüllung. In die Versuche mit eingebunden waren die 1923 gegründete staatliche Munitionsfabrik (Państwowa Wytwornia Uzbrojenia Fabryka Amunicji) in Skarżysko-Kamienna und die Pulverfabrik in Pionki.
Die ersten Versuche zeigten einen sehr raschen Laufverschleiß, bedingt durch die hohe Mündungsgeschwindigkeit von etwa 1.250 m/s und das Geschossmaterial. Bereits nach 20 bis 30 Schüssen war das Laufprofil ausgeschossen. Nun wählte man ein anderes Geschoss mit Stahlmantel und Bleikern. Es hatte sich nämlich gezeigt, dass ein Durchdringen der Panzerung gar nicht unbedingt nötig war. Es würde schon reichen, wenn sich auf der Innenseite der Panzerung durch den Aufprall Splitter lösen. Das neue Geschoss mit dem weicheren Kern verformte sich zudem besser und prallte deshalb bei schrägem Auftreffen nicht so leicht ab. Bei Versuchen platzte auf der Rückseite der Panzerplatten ein Stück mit etwa 4 cm Durchmesser ab. Die Lebensdauer des Laufs steigerte sich auf etwa 300 Schuss, was als ausreichend betrachtet wurde. Die Patrone mit der Bezeichnung 7,92 x 107 mm P35 wog 62,6 g, von denen 14,5 Gramm auf das Geschoss entfielen.
Zeitgleich zu den Munitionsversuchen ging auch die Suche nach einer geeigneten Waffe weiter. Im Februar 1932 erprobte die Armee auf dem Übungsplatz in Toruń eine Panzerbüchse des Hauptmanns Kap-

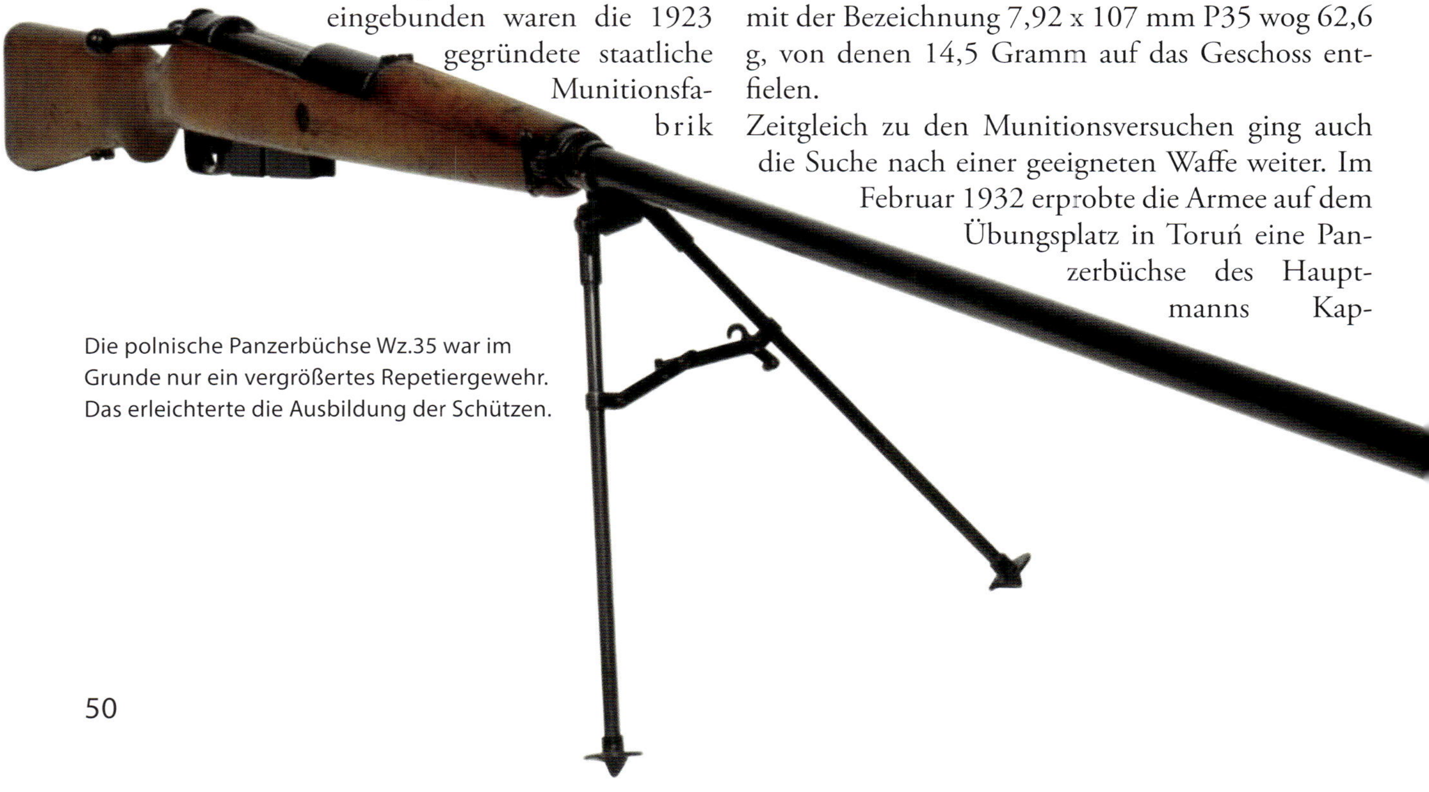
Die polnische Panzerbüchse Wz.35 war im Grunde nur ein vergrößertes Repetiergewehr. Das erleichterte die Ausbildung der Schützen.

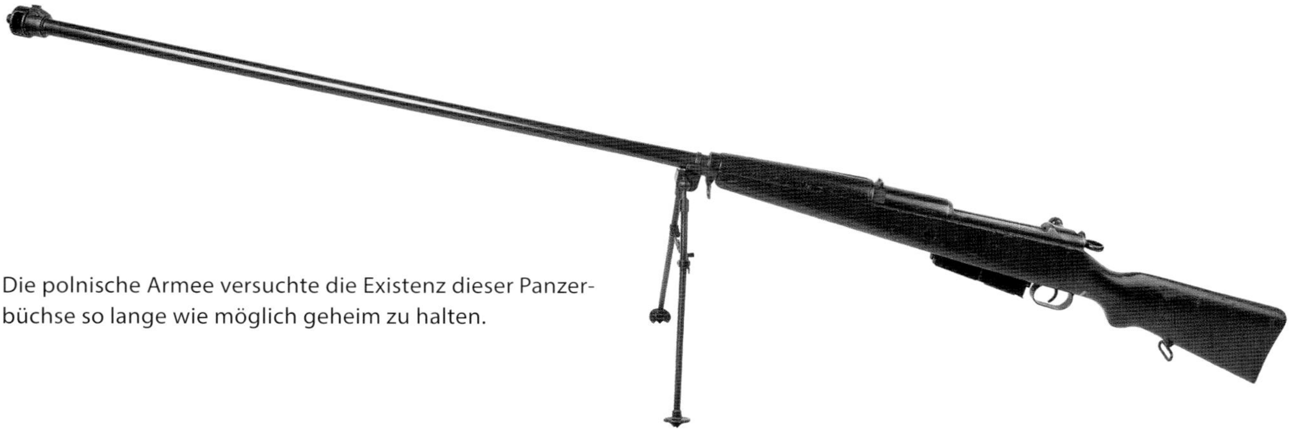

Die polnische Armee versuchte die Existenz dieser Panzerbüchse so lange wie möglich geheim zu halten.

Józef Maroszek (1904 – 1985) mit dem von ihm entwickelten Tankgewehr.

kowski, die aber nicht überzeugen konnte. Kurz darauf gingen zwei weitere Panzerbüchsen in die Erprobung. Eine stammte von Antoni Karczewski, dem Vizedirektor der staatlichen Gewehrfabrik (Państwową Fabrykę Karabinów) in Warschau.

Das Konkurrenzexemplar dazu hatte dessen ehemaliger Praktikant und jetziger Maschinenbauingenieur Józef Maroszek entworfen. Maroszek arbeitete seit seinem Abschluss an der Technischen Universität im April 1932 beim Militärischen Institut für Rüstungstechnologie in Warschau (WITU).

Die Waffe von Maroszek war mit knapp über 9 kg viel leichter als Karczewskis Exemplar mit satten 16 kg Gewicht. Die wirksame Mündungsbremse reduzierte den Rückstoß um 65% und machte das

Die finnische Armee erwarb einige Wz.35 von Ungarn, setzte sie aber wegen der schwachen Leistung nur für Übungszwecke ein. Wie hier im Ausbildungslager Niinisalo im Juli 1942. [SA KUVA]

fehlende Gewicht mehr als wett. Beim Vergleichsschießen in Brześć nad Bugiem im Oktober 1935 wurde Maroszeks Panzerbüchse vom Entscheidungskomitee des KSUS (Komitet do Spraw Uzbrojenia i Sprzetu) als die bessere Waffe beurteilt. Auch konnte sie von ihrer Konstruktion her mit weniger Aufwand hergestellt werden und benötigte bei den Soldaten weniger Einlernzeit. Nachfolgende Versuche auf dem Truppenübungsplatz Rembertów erbrachten ebenfalls positive Resultate. Daraufhin erhielt die Waffe im November 1935 die Empfehlung zur Einführung und die offizielle Bezeichnung Karabin przeciwpancerny wzór 1935.

Die Handhabung entspricht der eines gewöhnlichen Repetiergewehrs. Ein Ring am Ende des Verschlusses dient als Sicherung und bei Zündversagern kann der Schütze damit auch nochmals den Schlagbolzen spannen. Das auswechselbare, einreihige Magazin fasst vier Patronen. Der 1,20 m lange Lauf besitzt sechs Züge mit Rechtsdrall und lässt sich auch unter Gefechtsbedingungen wechseln. Für jede Waffe waren nämlich wegen des hohen Laufverschleißes drei Ersatzläufe vorgesehen. Vor der Holzschäftung ist noch ein klappbares Zweibein montiert. Ein verstellbares Visier gab es nicht, lediglich eine feste Standkimme auf der Hülse und ein Korn hinter der Mündungsbremse.

Die Entwicklung und anschließende Fertigung der Panzerbüchse und ihrer Munition liefen unter größter Geheimhaltung. Die polnische Armee befürchtete nämlich, dass ein Bekanntwerden ihrer neuen Waffe bei den Nachbarländern ein Aufrüsten der Panzerstärken zur Folge hätte. Aus diesem Grund erhielt die Wz.35 die Tarnbezeichnung »Ur« für Urugwaj (Uruguay) um eine Exportfertigung für dieses Land vorzutäuschen. Die Transportkisten

Einsatz der Wz.35 auf deutscher Seite in Frankreich. Gegen die meisten französischen Panzer konnte die Waffe allerdings nicht viel ausrichten.

Zum Zielen gab es bei der Wz.35 lediglich eine feste Standkimme.

wurden werksseitig mit dem Hinweis »Optische Geräte – Nicht öffnen« beschriftet. Diese Kisten wurden als streng geheime Mobilisierungsvorräte eingelagert und durften nur auf Befehl des Militärministers geöffnet werden.

Bis August 1939 wurden von den bestellten 7.610 Panzerbüchsen nachweislich 3.500 Stück von der staatlichen Gewehrfabrik an die polnische Armee geliefert. Wie hoch die Gesamtfertigung tatsächlich war, lässt sich nicht mehr herausfinden, da Seriennummern bis in den 9.000er-Bereich bekannt sind, aber wegen der Geheimhaltung nicht sicher ist, mit welcher Nummer überhaupt begonnen worden war.

Als Folge der zunehmenden Drohungen aus dem Deutschen Reich erging am 15. Juli 1939 der Befehl, die Panzerbüchsen einsatzbereit zu machen und ausgewählte Soldaten und Offiziere daran ein-

Polnischer Ulan mit Panzerbüchse Wz.35. Man beachte den gepolsterten Stoßschutz auf der Mündung.

zuweisen. Strukturmäßig sollte jede Infanteriedivision 92 Stück im Bestand führen. Ausgebildet werden sollten je Kompanie bzw. Schwadron drei Schützen, dazu kamen die Waffenmeister, sowie die Vorgesetzten vom Kompaniechef bis zum Divisionskommandeur. Der gesamte Personenkreis wurde zu strengster Geheimhaltung verpflichtet. Als die Wehrmacht dann im September tatsächlich in Polen einmarschierte, konnten auch die Panzerbüchsen nichts gegen die gepanzerte Übermacht ausrichten. Nur einen Monat später war Polen geschlagen.

Auf deutscher Seite nutzte man erbeutete Waffen in brauchbarem Zustand meistens sofort weiter. So auch die polnische Panzerbüchse, die zunächst die Beutebezeichnung Panzerbüchse 35(p), später dann Panzerbüchse 770(p) erhielt. Für November 1940 finden sich 880 Stück in den deutschen Be-

standslisten. Dazu kommen 255.000 Schuss. Da die erbeutete polnische Munition nicht ausreichte, wurde sie von deutscher Seite weitergefertigt. Allerdings nicht sehr lange, denn wegen der schwachen Leistung blieben die Waffen mehr und mehr in den Depots liegen. Im Januar 1941 verkaufte das Deutsche Reich 250 Stück nach Italien zusammen mit der deutsch gefertigten Munition. Weitere Lieferungen ging an italienische Truppen an der Ostfront. Nach dem Seitenwechsel der Italiener im September 1943 fielen die Panzerbüchsen im Zuge der Entwaffnung und als Beute im Kampf erneut in die Hände der deutschen Truppen. Diesmal nannte man sie dann Panzerbüchse 770(i).
Oberstleutnant Felsztyn geriet 1939 in sowjetische Gefangenschaft und musste zahlreiche Verhöre rund um Panzerabwehrwaffen durchstehen. Seine Informationen beeinflussten später deren eigene Entwicklungen. Eine kleinere Anzahl an Waffen gelangte 1940 über Ungarn nach Finnland (8 mm pst kiv/38), wo sie aber gegen die feindlichen Panzer nicht viel ausrichten konnten.

Das 14,5 Gramm schwere Geschoss der starken Patrone erreichte eine Mündungsgeschwindigkeit von etwa 1.250 m/s.

Technische Daten:	
Kaliber:	7,92 x 107 mm
Länge:	176 cm
Lauflänge:	120 cm
Gewicht (ungeladen):	9,5 kg
Magazinkapazität:	4 Patronen

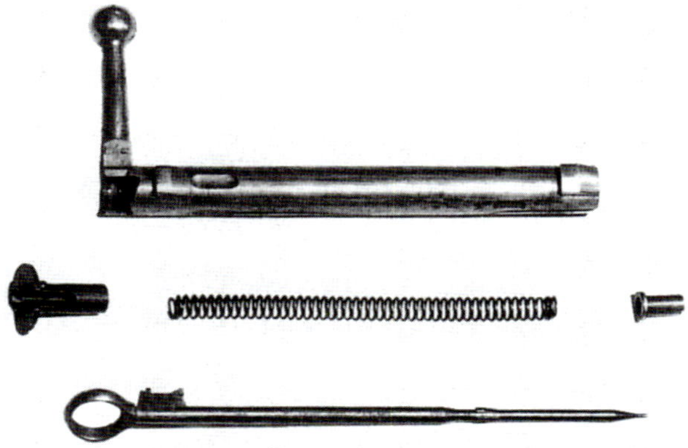

Der Verschluss in seine Einzelteile zerlegt: Kammer, Kupplung, Schlagbolzenfeder, Schlagbolzengegenlager und Schlagbolzen. Der Ring am Ende des Schlagbolzens dient als Sicherung und bei Zündversagern kann der Schütze damit nochmals den Schlagbolzen spannen.

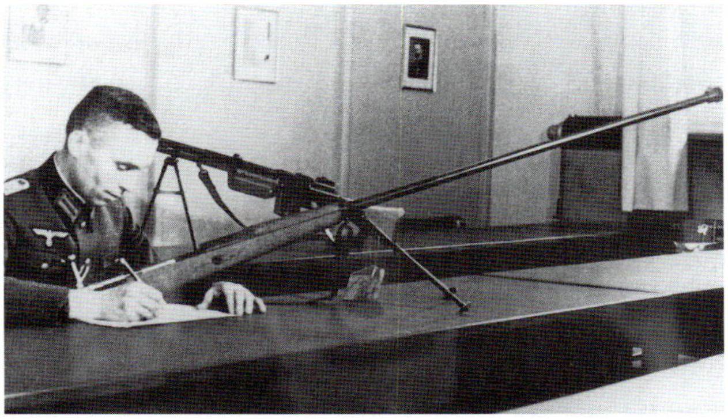

Nach dem Sieg über Polen wurden die erbeuteten Waffen in die Wehrmacht übernommen. Sie erhielten zunächst die Bezeichnung Panzerbüchse 35(p), später dann Panzerbüchse 770(p).

Viele Wz.35 sahen Verwendung bei den deutschen und italienischen Truppen in Nordafrika.

Großbritannien

Godsal

Als die britische Armee ihre ersten Tanks an die Front brachte, begannen auch Überlegungen für den Fall, dass die Deutschen ebensolche Fahrzeuge in den Kampf schicken würden. Und in der Tat, im November 1916 beauftragte die Oberste Heeresleitung die Abteilung 7 (Verkehrswesen des Allgemeinen Kriegsdepartements) im Preußischen Kriegsministerium mit der Entwicklung und Konstruktion eines Kampfwagens für das Deutsche Heer.

In Großbritannien hatte man derweil die ersten erbeuteten Exemplare des Mauser Tankgewehrs ausgiebig untersucht. Beruflich bedingt kam auch der walisische Major Philip Thomas Godsal mit der deutschen Waffe in Berührung und versuchte daraufhin, ein ebenbürtiges Gegenstück zu entwickeln. Godsal war nämlich in seiner Freizeit außer Historiker und Buchautor auch ein sehr erfolgreicher Sportschütze und zudem noch ein begabter waffentechnischer Tüftler.

Ob es für seine Tätigkeit einen offiziellen Auftrag gab oder ob Godsal selber die Initiative ergriff, ist nicht bekannt. Immerhin war er schon 68 Jahre alt. In Zusammenarbeit mit dem traditionsreichen Waffenhersteller Webley & Scott in Birmingham konstruierte er ein übergroßes Repetiergewehr im Kaliber 12,7 mm zum Verschießen der damals von Eley Brothers für das schwere Vickers Flugabwehr-Maschinengewehr neu entwickelten .600/.500 inch Patrone. Das Geschoss für Godsals Gewehr besaß einen weichen Bleikern.

Die Waffe ist nur als Einzellader ausgelegt. Durch die Erprobung des deutschen Gegenstücks hatte man immerhin in Sachen Rückstoß etwas gelernt und vorne auf den langen Lauf eine mächtige Mündungsbremse aufgeschraubt. Godsal verzichtete wohl aus Gewichtsgründen auf eine lange Holzschäftung und ließ den Schaft schon an der Laufwurzel enden. Eine Halterung für ein Zweibein ist allerdings auch nicht vorhanden. Das Schiebevisier trägt Markierungen von 2 bis 20 in Einerschritten, also bis 2.000 Yards (etwa 1.830 Meter).

Der Pistolengriff wurde nicht separat befestigt, sondern mitsamt Abzugsbügel und einer Verlängerung, die bis in den Kolbenhals hineinreicht, aus einem Stück Metall gefräst. Das machte die ganze Konstruktion sehr stabil. Auf dem Griff sind noch hölzerne Griffschalen aufgeschraubt. Als zusätzlichen Schutz vor dem heftigen Rückstoß diente ein auf den Kolben geklebter Puffer aus Gummi.

Von Godsals Panzerbüchse existiert nur noch ein Prototyp mit der Seriennummer 1. Ob überhaupt jemals weitere Exemplare gefertigt wurden, ist nicht bekannt. Die noch erhaltene Waffe zeigt deutliche Spuren von Umbauarbeiten während der Entwicklung, wie etwa einen halbrunden Einschnitt hinten links im Schaft neben dem Gehäuse. Und am Gehäuse selber findet man diverse Montagelöcher und einen ungenutzten Längsschlitz.

Vermutlich beendete das Kriegsende auch die Arbeiten an Godsals Panzerbüchse. Die ins-

Major Godsal konstruierte seine Waffe als Antwort auf das deutsche Tankgewehr von Mauser. [MOD Pattern Room / National Firearms Centre]

gesamt nur 20 hergestellten deutschen Sturmpanzerwagen A7V hatten die Briten nicht in Bedrängnis gebracht und letztendlich auch keinen Einfluss mehr auf den Kriegsverlauf.

Die Patrone im Kaliber 12,7 mm war ursprünglich für das Flugabwehr-Maschinengewehr von Vickers entwickelt worden.

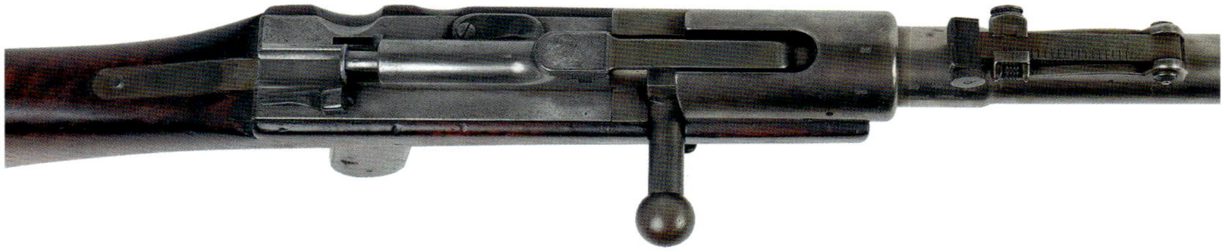

Blick auf System und Visier von Godsals Panzerbüchse. Die Waffe trägt die Seriennummer 1. [MOD Pattern Room / National Firearms Centre]

An der Waffe sind Spuren von Umbauarbeiten während der Entwicklung erkennbar, wie etwa ein halbrunder Einschnitt hinten links im Schaft. [MOD Pattern Room / National Firearms Centre]

Der Pistolengriff ist mitsamt Abzugsbügel und einer Verlängerung, die bis in den Kolbenhals hineinreicht, aus einem Stück Metall gefräst. [MOD Pattern Room / National Firearms Centre]

Technische Daten:	
Kaliber:	.500 (12,7 mm)
Länge:	138 cm
Lauflänge:	92 cm
Gewicht (ungeladen):	8,2 kg
Magazinkapazität:	Einzellader

Boys

Nach dem Ersten Weltkrieg ruhte auch in Großbritannien zunächst die Weiterentwicklung von Panzerabwehrwaffen. Man hatte größere Mengen des deutschen Tankgewehrs erbeutet und ausgiebig erprobt. Dabei wurde schnell klar, dass die 13-mm-Patrone für künftige Kampfhandlungen viel zu schwach war.

Als 1934 das Small Arms Committee angesichts der deutschen Aufrüstung die Entwicklung einer zeitgemäßen Panzerbüchse anregte, gab es nur vage Vorgaben. Die Durchschlagskraft sollte bei 16 mm auf 90 Meter liegen. Das Kaliber war gar nicht festgelegt. Bei der Royal Small Arms Factory in Enfield übernahm Captain H.C. Boys die Arbeit an der neuen Waffe und wählte dafür das Kaliber .55 (14 mm). Die Entwicklung lief ursprünglich unter dem Projektnamen Stanchion (Stütze), aber nach dem plötzlichen Tod des Konstrukteurs nur wenige Tage vor der Einführung in der britischen Armee im November 1937 erhielt die Waffe ihm zu Ehren seinen Namen. Die Fertigung begann zunächst in Enfield, später kam noch die Birmingham Small Arms Company (BSA) dazu.

Die offiziell »Rifle, Anti-Tank, .55in, Boys« genannte Waffe war bei den Soldaten von Anfang an nicht sonderlich beliebt und erhielt bald den Spitznamen »elephant gun«. Trotz höhenverstellbarer Einbeinstütze, Mündungsbremse, gepolsterter Schulterstütze und einem etwa 25 mm zurückgleitendem Lauf blieb der Rückstoß enorm. Hinzukamen eine starke Druckwelle von der Mündungsbremse, die Dreck und Laub aufwirbelte und ein sehr lautes Schussgeräusch ergab. Viele Boys wurden deshalb in oder auf Fahrzeugen wie etwa dem Bren Universal Carrier montiert.

Die Patronenzuführung erfolgte von oben aus einem fünfschüssigen Magazin. Kimme und Korn sind nach links versetzt. Eine hölzerne Wangenauflage half dem Schützen beim Zielen. Die Waffe funktionierte wie ein gewöhnliches Repetiergewehr mit Kammerstängel. Sollte eine Patrone nicht zünden, kann der Schütze den Schlagbolzen nochmals spannen, indem er an dem Ring hinten am Verschluss zieht. Zum Üben gab es einen speziellen Lauf im Kleinkaliber .22 RF, sowie eine Halterung um alternativ ein Kleinkaliber-Gewehr seitlich an der Panzerbüchse zu montieren.

Die erste Ausführung der Patrone S.A. Armour Piercing .55in W Mark I mit gehärtetem Stahlkern vom Dezember 1936 erwies sich bald als zu schwach.

In Kanada übernahm die Firma John Inglis and Company in Toronto die Lizenzfertigung.

Die erste serienreife britische Panzerbüchse erhielt zu Ehren ihres Konstrukteurs den Namen Boys.

Ihre Weiterentwicklung führte zur W Mark II mit einem leichteren Geschoss, die im Juni 1939, also noch kurz vor Kriegsbeginn, als Ersatz gewählt wurde. Die Mündungsgeschwindigkeit erhöhte sich von 747 auf 884 m/s und das Geschoss durchschlug jetzt im günstigsten Fall 23 mm Panzerstahl. Für leicht gepanzerte Fahrzeuge mag das gereicht haben, aber einem Kampfpanzer konnte man damit nicht viel anhaben.
Nach den Kämpfen in Frankreich war der Ruf der Boys so schlecht, dass die kanadische Regierung über das National Film Board of Canada (NFB) einen Trainingsfilm in Auftrag gab. So entstand 1942 bei den Walt Disney Studios der 22-minütige Zeichentrickfilm »Stop That Tank!«.
Nach gründlicher Untersuchung deutscher panzerbrechender Munition entwickelten die Briten 1942 noch ein Geschoss mit Wolfram-Kern. Dieses APCR-Geschoss (armour-piercing composite rigid) brachte es auf eine Mündungsgeschwindigkeit von 944 m/s. Letztendlich reichte auch diese Leistung nicht mehr aus und zeitgleich befand sich auch schon der leichte PIAT (Projector, Infantry, Anti Tank) in der Entwicklung, dessen Hohlladungsgranate immerhin 80 bis 100 mm Stahl durchschlagen konnte.

Soldaten der 1st Royal Welch Fusiliers üben als Teil der British Expeditionary Force im Februar 1940 am Strand von Étaples mit der Boys. Nur wenige Monate später mussten die Überlebenden von Dünkirchen aus nach Großbritannien evakuiert werden.

Ein britischer Soldat mit seiner Boys während der Ausbildung.

In der deckungsarmen Wüste Nordafrikas blieben die schwächeren Panzer meistens außerhalb der wirkungsvollen Reichweite der Boys.

Wegen dem von oben eingesteckten Magazin sind Kimme und Korn nach links versetzt.

Während die britische Boys einen runden Mündungsfeuerdämpfer besitzt, entschieden sich die Kanadier für eine eckige Ausführung.

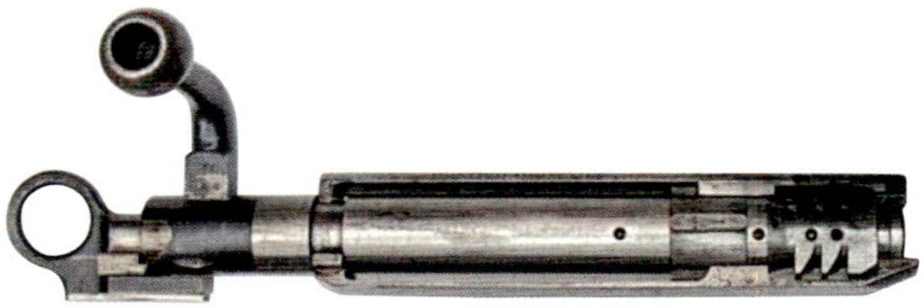

Blick von unten auf den Verschluss mit seinem Verriegelungskamm. Durch Ziehen am Ring lässt sich der Schlagbolzen bei Zündversagern nochmals manuell spannen.

Eine fabrikfrische Boys Mk I aus kanadischer Fertigung in ihrer Transportkiste.

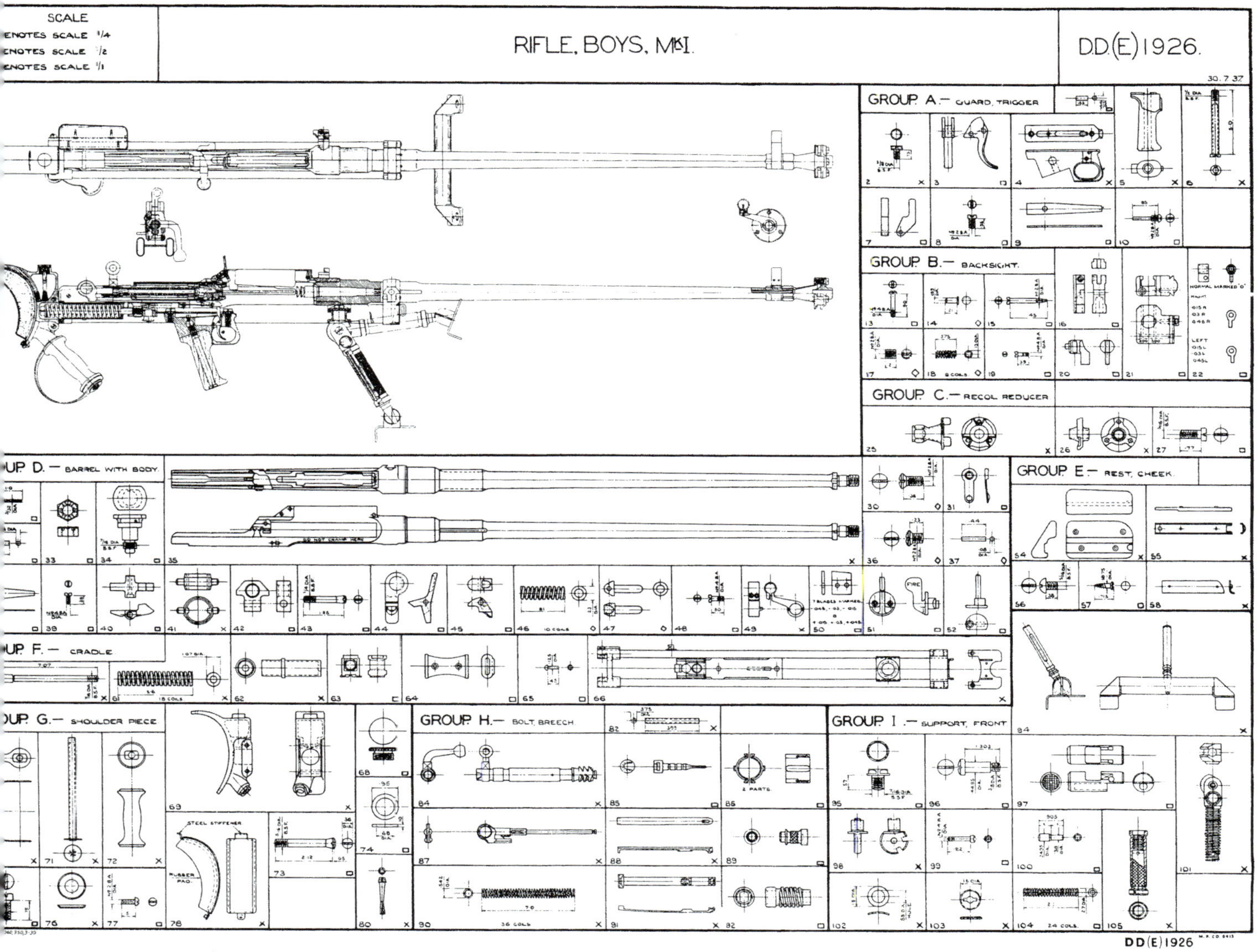

Übersicht aller Einzelteile, sortiert nach Baugruppen A bis I, aus den Fertigungsunterlagen der Royal Small Arms Factory in Enfield.

Die Patronen wurden zu fünf Stück auf einem Ladestreifen ausgeliefert.

Kurz vor Kriegsbeginn ging die verbesserte Patrone Mark II in Produktion. Hier eine Kiste für 160 Stück »Cartridges Armour Piercing .55 inch W Mark II«. Die Tragetaschen fassen zwei Ladestreifen.

Mit dem 1942 von Walt Disney produzierten Zeichentrickfilm »Stop That Tank!« sollte der schlechte Ruf der Boys gerettet werden.

Hoher Besuch bei der Small Arms Ltd. im kanadischen Long Branch: Der Abgeordnete Karl Kenneth Homuth probiert auf dem firmeneigenen Schießstand eine der ersten in Kanada gefertigten Boys aus. Der Tragegriff war am Serienmodell nicht vorhanden.

Viele Boys wurden in Fahrzeuge wie den Bren Universal Carrier eingebaut. Dieser hier simulierte während einer Invasionsabwehrübung im Juni 1941 einen deutschen Panzer. Man beachte den bis heute auf englischsprachiger Seite hartnäckigen Schreibfehler: Blitzkreig.

Die Wehrmacht nutzte erbeutete Boys unter der Bezeichnung 13,9 mm Panzerabwehrbüchse 782(e).

Großbritannien lieferte Boys sowohl an die Sowjetunion, als auch an Finnland. Dort kam sie als 14 mm pst kiv/37 im Kampf gegen die Russen zum Einsatz. [SA KUVA]

China erhielt aus kanadischer Fertigung 6.129 Boys als Unterstützung im Kampf gegen die Japaner.

Trotz aller Unzulänglichkeiten wurde die Boys in großer Menge hergestellt und in den Einsatz geschickt. Insgesamt liefen in Großbritannien 68.847 Boys Mark I von den Bändern, bevor die Fertigung im August 1943 endete. Davon verschiffte man 3.200 Stück und über 1,5 Millionen Schuss in die Sowjetunion. Gleichzeitig belieferte man aber auch deren Gegner Finnland, wo die Boys als 14 mm pst kiv/37 im Kampf gegen die Russen zum Einsatz kam.

In Kanada übernahm die Firma John Inglis and Company in Toronto die Lizenzfertigung. Die Finanzierung erfolgte über das U.S. Lend-Lease-Programm. Die Kanadier brachten ein paar Veränderungen ein, wie etwa die eckig geformte Mündungsbremse ähnlich der der Solothurn-Panzerbüchsen. Und sie änderten die Stütze vom Ein- zum Zweibein. Heraus kam somit das Modell Mark I*, von dem Inglis stolze 45.234 Stück herstellte. Versorgt wurden damit außer den Commonwealth-Ländern auch die USA (700 Stück) und China (6.129 Stück). Die Wehrmacht nutzte erbeutete Boys unter der Bezeichnung 13,9 mm Panzerabwehrbüchse 782(e) weiter.

Der Kriegsverlauf und spätere politische Verbindungen verstreuten die Boys über den ganzen Globus. So lieferte etwa China einen Teil seiner Bestände an die Rebellen im Kongo. Und 1965 beschossen irische IRA-Kämpfer mit einer Boys das britische Schnellboot HMS Brave Borderer und beschädigten seinen Antrieb schwer.

Finnland markierte seine Waffen mit dem Stempel SA für »Suomen Armeija«.

Die Magazine konnten zu zehn Stück in Blechkisten mitgeführt werden.

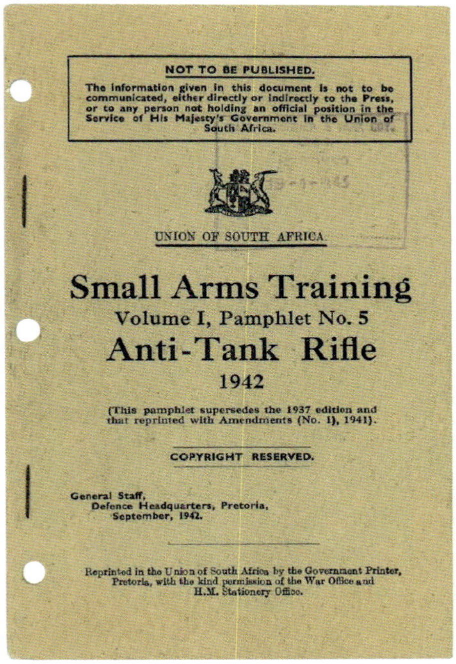

NOT TO BE PUBLISHED.
The information given in this document is not to be communicated, either directly or indirectly to the Press, or to any person not holding an official position in the Service of His Majesty's Government in the Union of South Africa.

UNION OF SOUTH AFRICA.

Small Arms Training
Volume I, Pamphlet No. 5
Anti-Tank Rifle
1942

(This pamphlet supersedes the 1937 edition and that reprinted with Amendments (No. 1), 1941).

COPYRIGHT RESERVED.

General Staff,
Defence Headquarters, Pretoria,
September, 1942.

Reprinted in the Union of South Africa by the Government Printer, Pretoria, with the kind permission of the War Office and H.M. Stationery Office.

Die Boys fand Verbreitung in vielen Commonwealth-Ländern. Hier eine Ausbildungsvorschrift von 1942 aus Südafrika.

Technische Daten:	
Kaliber:	.55 Boys (13,9 x 99 mm B)
Länge:	157 cm
Lauflänge:	91 cm
Gewicht (ungeladen):	16 kg
Magazinkapazität:	5 Patronen

Russland

Kurchevsky

Die Rote Armee tat sich lange schwer, eine geeignete Panzerbüchse einzuführen. Ein recht früher Versuch war ein rückstoßfreies Gewehr von Leonid Vasilyevich Kurchevsky im Kaliber 37 mm. Im Jahre 1932 eingeführt begann auch sogleich die Serienfertigung.

Kurchevskys Waffe war schon zur damaligen Zeit eine sehr ungewöhnliche Konstruktion. Über dem Lauf liegt ein Röhrenmagazin für bis zu 3 Patronen, welches von hinten geladen wird. Zum Nachladen der Waffe schiebt der Schütze den Ladegriff nach vorne. Dabei fällt die vorderste Patrone aus dem Röhrenmagazin nach unten in eine Auffangschale vor der Mündung. Beim Zurückziehen des Ladegriffs schiebt ein daran angebrachter Ladestab die Patrone bis zum Anschlag in den Lauf.

Die Zündung der Patrone geschah nicht direkt. Vielmehr war am Lauf eine Vorrichtung zur Aufnahme eines Streifens mit zehn Zündkapseln angebracht. Beim Ziehen des Abzugs trifft der Schlagbolzen auf die Zündkapsel, deren Flamme durch eine Bohrung in das Patronenlager hinter der Patrone schießt. Die Hitze zündet eine am Boden der Patrone angebrachte kleine Schwarzpulverladung, die ihrerseits die Treibladung der Patrone zündet. Über eine Düse am Laufende entweicht ein Teil des Gasdrucks nach hinten und reduziert dadurch die Rückstoßkräfte erheblich. Allerdings musste ein Sicherheitsbereich von bis zu 25 Metern hinter der Waffe beachtet werden, ansonsten konnte es schmerzhafte Verbrennungen geben. Das Abfeuern erfolgte deshalb auch von einem höhenverstellbaren Dreibein aus.

Das panzerbrechende 37-mm-Geschoss wog 600 Gramm und enthielt zusätzlich eine Füllung von 9 Gramm Explosivstoff. Eine Metallhülse gab es nicht. Stattdessen saß das Geschoss auf einem Säckchen aus Webstoff, welches das rauchschwache Treibladungspulver (190 g) enthielt und an dessen Ende die Schwarzpulverladung platziert war. Beim Abschuss ergab sich eine Mündungsgeschwindigkeit von 525 m/s und eine wirksame Reichweite von bis zu 500 Metern. Gezielt wurde über ein zweifach vergrößerndes Zielfernrohr.

In der Praxis erwies sich Kurchevskys Waffe als nicht ungefährlich. Unachtsamkeit oder Defekte führten leicht zu Unfällen. Zudem war die Konstruktion kompliziert und störanfällig. Und auch die Durchschlagsleistung von nur 25 mm Stahl auf 100 Meter erwies sich schon bald als nicht mehr

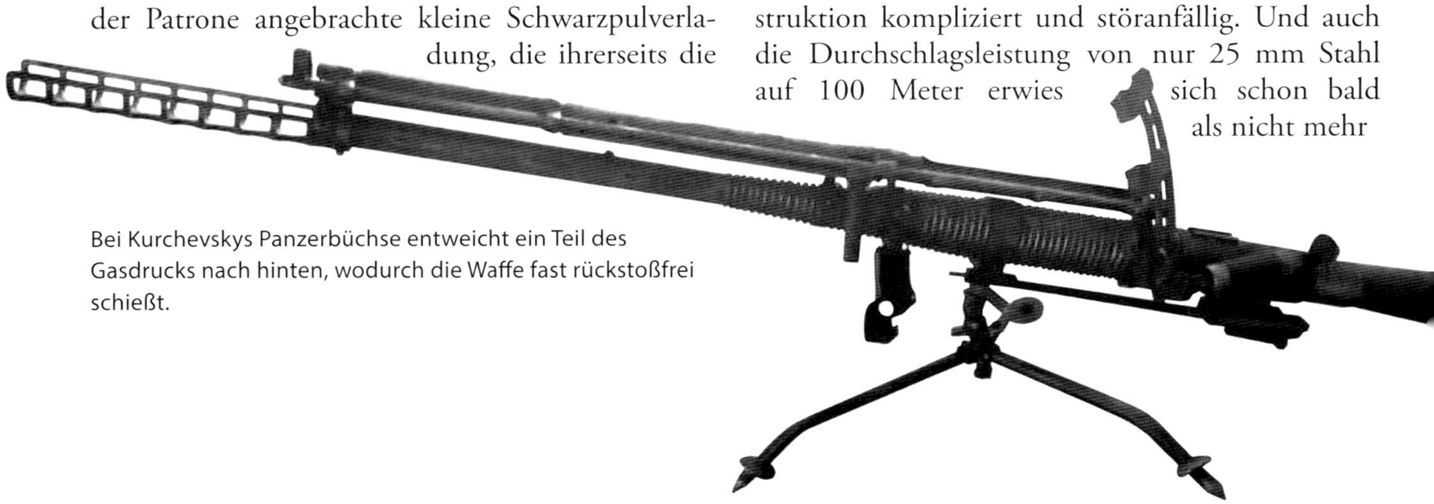

Bei Kurchevskys Panzerbüchse entweicht ein Teil des Gasdrucks nach hinten, wodurch die Waffe fast rückstoßfrei schießt.

ausreichend. Bereits Ende der 1930er-Jahre endete die Fertigung und die Waffe wurde ausgemustert. Kurchevsky konstruierte im Laufe seiner Karriere eine Vielzahl an vornehmlich rückstoßfreien Waffen, vom Gewehr bis hin zur Artillerie. Zudem versuchte er sich an Fahrzeugen, Booten und auch einem Segelflugzeug. Leider blieb ihm der große Erfolg versagt. Die meisten Waffen wiesen schwerwiegende Mängel auf und waren nicht für den Kriegseinsatz tauglich. Im Juni 1937 wurde Kurchevsky im Zuge einer Säuberungsaktion in der Roten Armee verhaftet, wegen der Schaffung untauglicher Waffen angeklagt und am 25. November 1937 zum Tode verurteilt.

Leonid Vasilyevich Kurchevsky wurde Ende 1937 wegen der Schaffung untauglicher Waffen zum Tode verurteilt und hingerichtet.

Die Abbildung aus dem Handbuch zeigt den Nachladevorgang. Man beachte die Gasdüse am hinteren Ende der Waffe.

Beim Nachladen fällt aus dem Röhrenmagazin über dem Lauf eine Patrone in den Fangkorb und wird dann in den Lauf geschoben.

Technische Daten:	
Kaliber:	37 mm
Länge:	200 cm
Lauflänge:	125 cm
Gewicht (mit Lafette):	32 kg
Magazinkapazität:	3 Patronen

Rukavishnikov

Nach dem Misserfolg mit Kurchevskys rückstoßfreier Waffe testete die Armee 1936 noch andere Versuchswaffen in kleineren Kalibern zwischen 20 und 25 mm. Doch diese waren meistens viel zu schwer für einen flexiblen Einsatz bei der Infanterie. An der weiteren Versuchsreihe von 1936 bis 1938 durften dann auch Waffen mit noch kleineren Kalibern ab 12,7 mm teilnehmen. Auch wenn am Ende keine dieser Waffen zur Einführung kam, so konnte man sich doch zumindest auf die künftige Patrone einigen.

Die NIPSVO (Kleinwaffen Forschungs- und Erprobungseinrichtung) in Shchurovo hatte eine starke Patrone im Kaliber 14,5 x 114 mm entwickelt. Ihr Bleigeschoss enthielt einen gehärteten Stahlkern und war von einem Metallmantel umgeben. Mit über 30 kJ Mündungsenergie brachte sie es auf die fast dreifache Stärke der deutschen oder polnischen Patronen. Dafür steckten aber auch 30,9 Gramm Treibladungspulver in der Hülse.

Im November 1938 legte das GAU-Artilleriekomitee die Anforderungen für ein neues tragbares Panzerabwehrgewehr fest. Das Kaliber musste nun 14,5 mm betragen. Von den eingereichten Musterwaffen schnitt das Gewehr von N.V. Rukavishnikov am besten ab. Die Waffe war ein halbautomatischer Gasdrucklader mit Drehkopfverschluss und Patronenzuführung aus einem 5-Schuss-Magazin von links. Eine mächtige Mündungsbremse und eine gepolsterte Schulterstütze sorgten für erträgliche Rückstoßkräfte. Die Skala des Visiers reichte bis 1.000 Meter.

Bei Beschussversuchen erreichte die Waffe unter optimalen Bedingungen eine Durchschlagsleistung von 20 mm auf 500 Meter Entfernung. Eine eingespielte Mannschaft schaffte eine Schussfolge von etwa 15 Schuss pro Minute. Nach dieser zufriedenstellenden Erprobung schlug das Komitee die Waffe am 7. Oktober 1939 als »14,5 mm PTR 39« (Protiwotankowoje Ruschjo / Panzergewehr) zur Einführung vor. Nach Herstellung von 50 Stück für einen kleinen Truppenversuch sollten nach Einrichtung der Serienfertigung in der Instrumentenfabrik Nr. 2 »K. O. Kirkisch« in Kowrow ab dem Jahr 1940 zunächst weitere 15.000 Stück produziert werden. Ziel war die Ausstattung jeder Infanterie-Division mit 60 Panzergewehren.

Doch so weit kam es nicht. Zum einen geschah die Einführung der Waffe etwas voreilig, denn bei der weiteren Erprobung führte die starke Patrone immer wieder zu Störungen in der Mechanik und Ausziehproblemen. Das hätte man sicherlich noch in den Griff bekommen.

Die bereits zur Einführung bestimmte Panzerbüchse von Rukavishnikov fiel einer Fehleinschätzung des Geheimdienstes zum Opfer.

Dank des Magazins für fünf Patronen schaffte eine eingespielte Mannschaft eine Feuergeschwindigkeit von etwa 15 Schuss pro Minute

Aber zum anderen leistete sich auch der russische Geheimdienst eine fatale Schlappe: man schätzte die Panzerstärke der deutschen Fahrzeuge für einen künftigen Krieg auf 60 bis 80 mm! Diese ernüchternde Information führte beim GAU-Artilleriekomitee zur Einstellung sämtlicher Bemühungen um eine tragbare Panzerbüchse für die Infanterie. Man konzentrierte sich fortan auf Panzerabwehrkanonen.
Als die Wehrmacht dann tatsächlich in der Sowjetunion einmarschierte, war die Überraschung groß. Die Panzer waren weitaus weniger stark gepanzert als angenommen. In ihrer Not kratzte die Roten Armee für den Fronteinsatz alles an Panzerbüchsen zusammen, was greifbar war. Darunter zahlreiche Versuchs- und Kleinserienwaffen und polnische Beuteexemplare. Auch eine mögliche Serienfertigung von Rukavishnikovs Waffe wurde nochmals geprüft, aber angesichts der chaotischen Umstände in dieser frühen Kriegsphase wieder verworfen. Auch eine zum Einzellader vereinfachte Ausführung von Rukavishnikov ging nicht in Produktion.

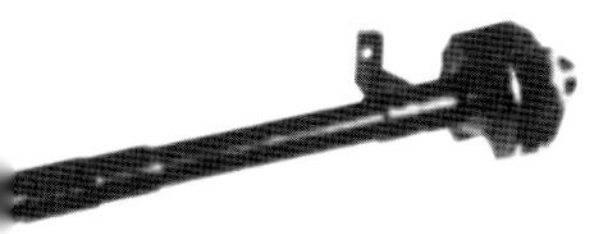

Technische Daten:	
Kaliber:	14,5 x 114 mm
Länge:	198 cm
Lauflänge:	118 cm
Gewicht (ungeladen):	17,75 kg
Magazinkapazität:	5 Patronen

Sholokhov

Der Mangel an Panzerbüchsen in der Frühphase des Krieges konnte nicht auf die Schnelle behoben werden. Es fehlte ein einsatztaugliches und in der Massenfertigung unkompliziertes Modell. Der Ingenieur W.N. Sholokhov schlug deshalb im Juli 1941 vor, das deutsche Mauser-Tankgewehr aus dem Ersten Weltkrieg zu kopieren – allerdings für eine Patrone im Kaliber 12,7 x 108 mm. Anfang der 1930er-Jahre hatte man damit in Tula Versuche durchgeführt.

Die Waffe war sehr einfach zu fertigen, ohne komplizierte Mechanik. Abweichend zum deutschen Vorbild fügte Sholokhov noch eine Mündungsbremse und eine Polsterung für die Schulterstütze hinzu. Das Visier besaß drei Einstellungen für 200, 400 und 600 Meter. Das war sehr optimistisch, denn die Leistung ließ sehr zu wünschen übrig. Das frühe panzerbrechende Brandgeschoss B-32 mit einem gehärteten Stahlkern konnte den deutschen Panzern nur wenig anhaben. Das verbesserte Geschoss BS-41 mit Wolframkern durchschlug immerhin 15 mm Stahl auf 400 Meter. Im Einsatz war das natürlich viel zu wenig.

Trotzdem begann im Juli 1941 die Serienfertigung der Waffe. Die Not war einfach zu groß. Als Fertigungsstätte wählte man die Werkstätten der Technischen Universität Moskau »Nikolai E. Bauman« (MSTU) und das Experimental-Konstruktionsbüro OKB-16, ebenfalls in Moskau, welches sich sonst hauptsächlich mit der Entwicklung von Maschinenkanonen für Flugzeuge beschäftigte. Die Fertigungsmenge von wenigen hundert Stück war dennoch nicht mehr als ein Tropfen auf den heißen Stein. Die Waffen kamen bei der Verteidigung Moskaus ab Herbst 1941 zum Einsatz. Nach dem erfolgreichen Schlachtverlauf und dem Rückzug der deutschen Verbände im Frühjahr 1942 verschwand Sholokhovs Tankgewehr in den Arsenalen oder wurde an Partisanen für Störaktionen übergeben.

Technische Daten:	
Kaliber:	12,7 x 108 mm
Länge:	179,5 cm
Lauflänge:	100 cm
Gewicht (ungeladen):	16,6 kg
Magazinkapazität:	Einzellader

Ebenfalls wenig erfolgreich blieb ein Versuch, das bewährte Gewehr Mosin-Nagant 91/30 zu einer Panzerabwehrwaffe umzubauen. Die Waffenwerke in Ischewsk experimentierten mit dem 7,62-mm-Geschoss und einer vergrößerten Hülse mit 12 bis 15 Gramm Fassungsvermögen. Damit ließen sich Mündungsgeschwindigkeiten von über 1.000 m/s erreichen. Das einzige hergestellte vergrößer-

Der Ingenieur Sholokhov überarbeitete als Notlösung zur Verteidigung Moskaus das deutsche Mauser-Tankgewehr.

Selbst das verbesserte Geschoss mit Wolframkern durchschlug nur 15 mm Stahl auf 400 Meter. Nach der Schlacht um Moskau wurden die Waffen wieder ausgesondert.

te Gewehr war eingerichtet für das Kaliber 7,62 x 122 mm und besaß ein internes Magazin für fünf Patronen. Zum Ausgleich des enormen Rückstoßes montierte man eine Mündungsbremse auf den Lauf. Die Beschussversuche verliefen enttäuschend, mit einer Durchschlagsleistung von nur maximal 20 mm auf 100 Meter Entfernung.

In den Jahren 1941 bis 1944 erhielt die Sowjetunion im Rahmen des Lend-Lease-Abkommens noch etwa 3.200 Panzerbüchsen des Modells Boys Mark I und 1,5 Millionen Schuss aus Großbritannien.

Eine sinnvolle Ergänzung zum Vorbild von Mauser war die Montage einer Mündungsbremse.

Zum Ausgleich des enormen Rückstoßes montierte man eine Mündungsbremse auf den Lauf.

Seltenes Einsatzfoto einer Sholokhov-Panzerbüchse bei der Verteidigung Moskaus.

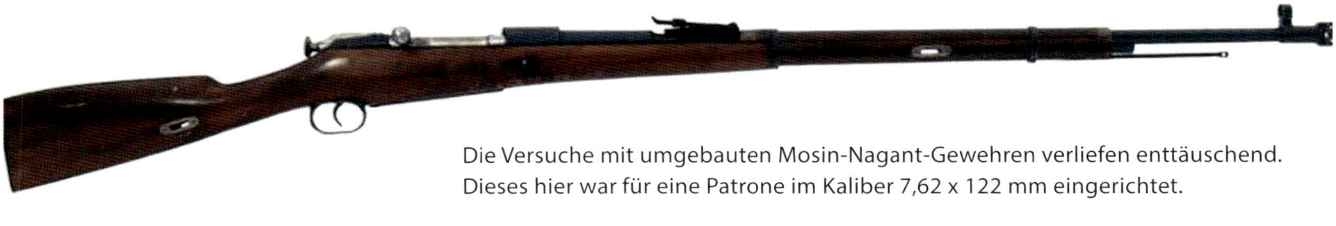

Die Versuche mit umgebauten Mosin-Nagant-Gewehren verliefen enttäuschend. Dieses hier war für eine Patrone im Kaliber 7,62 x 122 mm eingerichtet.

PTRD

Im Juli 1941, als in Moskau die Kleinserienfertigung von Sholokhovs Tankgewehr begann, gab das Staatliche Verteidigungskomitee der UdSSR (Gosudarstvennyj komitet oborony / GKO) ein Entwicklungsprogramm für eine neue Panzerbüchse im Kaliber 14,5 mm bekannt. Das Komitee war kurz nach Kriegsbeginn gegründet worden um die Verteidigung des Landes gegen den deutschen Angriff zu organisieren.
Mit der Durchführung des Programms beauftragte man mit Wassili Alexejewitsch Degtjarjow und Sergei Gawrilowitsch Simonow zwei angesehene Waffenkonstrukteure. Sie sollten schnellstmöglich zwei verschiedene Arten von Panzerbüchsen im Kaliber 14,5 × 114 mm entwickeln. Ein einfaches Modell als Einzellader und ein etwas aufwendigeres Modell als Selbstlader.
Degtjarjow kümmerte sich um den Einzellader. Er schuf eine Repetierwaffe mit Zylinderverschluss, die sich noch einfacher als ein gewöhnliches Gewehr handhaben ließ. Das sparte Zeit bei der Ausbildung der Soldaten. Ein besonderes Merkmal von Degtjarjows Waffe war nämlich der bewegliche Lauf: Nach dem Schuss gleitet er zurück. Dabei trifft der Kammerstängel auf eine außen angebrachte, schräge Metallplatte die ihn nach oben drückt und dadurch den Verschluss entriegelt. Der Verschluss gleitet anschließend noch weiter zurück, zieht dabei die Hülse aus dem Patronenlager und wirft sie nach unten aus. Der Lauf wird durch eine Feder wieder nach vorn gedrückt.
Der Verschluss verbleibt aber in seiner offenen Stellung und der Schütze schließt ihn nach dem Einlegen einer neuen Patrone von Hand. Dabei spannt sich der Schlagbolzen und die Waffe ist wieder schussbereit.
Der bewegliche Lauf kompensierte einen Teil der Rückstoßkräfte. Ebenso erwies sich die Mündungsbremse als sehr effektiv. Zusammen mit der gepolsterten Schulterstütze und einer ebenso gepolsterten Wangenauflage machten diese Maßnahmen das Schießen für den Schützen zumindest erträglich. Die Klappkimme mit zwei Einstellungen für 400 und 600 Meter und das Korn sind nach links versetzt.
Die Patrone beschleunigte die Geschosse auf eine Mündungsgeschwindigkeit von mehr als 1.000 m/s. Auf 300 Meter durchschlug das leichtere Geschoss (B-32 / 63 Gramm) 35 mm Panzerstahl und das schwerere Geschoss mit Wolframkern (BS-41 / 64,4 Gramm) fast 40 mm. Gefährlich konnte mitunter das starke Mündungsfeuer sein, welches durch die Pulvermenge von immerhin 30 Gramm entstand. Allzu leicht verriet es die Position des Schützen.
Im August 1941 erhielt das NIPSVO (Kleinwaffen Forschungs- und Erprobungseinrichtung) in Shchurovo einige Exemplare zur Erprobung. Diese verlief sehr gut und somit folgte kurz darauf die Einführung der Protiwotankowoje Ruschjo Degtjarjowa (Degtjarjow-Panzergewehr), oder

Degtjarjows PTRD wurde mit über 280.000 Exemplaren die in größter Stückzahl gebaute Panzerbüchse der Welt.

Dank ihrer einfachen Technik konnte die PTRD auch von weniger qualifizierten Arbeitern schnell in großen Mengen hergestellt werden.

Russische Panzerbekämpfer mit ihrer PTRD in Deckung unter einem zerstörten Panther während der Schlacht von Kursk 1943.

kurz PTRD. Die Serienfertigung in der Instrumentenfabrik Nr. 2 »K. O. Kirkisch« in Kowrow lief im Oktober an und bereits im Kampf um Moskau stand die PTRD im Fronteinsatz. Doch noch war der weitere Verlauf des Krieges ungewiss und Kowrow nicht weit von Moskau entfernt. Um der unmittelbaren Gefahr durch die deutschen Truppen zu entgehen wurde eine weitere Fertigung in der Waffenfabrik Nr. 74 im etwa 1.200 km östlich von Moskau gelegenen Ischewsk eingerichtet. In Kowrow endete die Produktion im November 1943 und wurde an die Waffenfabrik Nr. 385 in Slatoust im Ural übertragen. Gegen Ende 1944 stellte die Sowjetunion dann die Fertigung von Panzerbüchsen komplett ein.

Die einfach gestaltete Mündungsbremse erwies sich als sehr wirkungsvoll.

Die PTRD in feuerbereitem Zustand. Die Wangenauflage hält den Kopf vom Verschluss fern.

Nach dem Schuss öffnet sich der Verschluss. Der Kammerstängel gleitet dabei an dem schräg hochstehenden Blech entlang und entriegelt so den Verschluss. Die leere Hülse wird ausgezogen und nach unten ausgeworfen.

Der abklappbare Tragegriff im Schwerpunkt der Waffe erleichtert das Tragen.

Auf der massiven Systemhülse findet sich eine spärliche Beschriftung und das Herstellungsjahr 1942.

Die Klappkimme besitzt nur zwei Stellungen für 400 und 600 Meter.

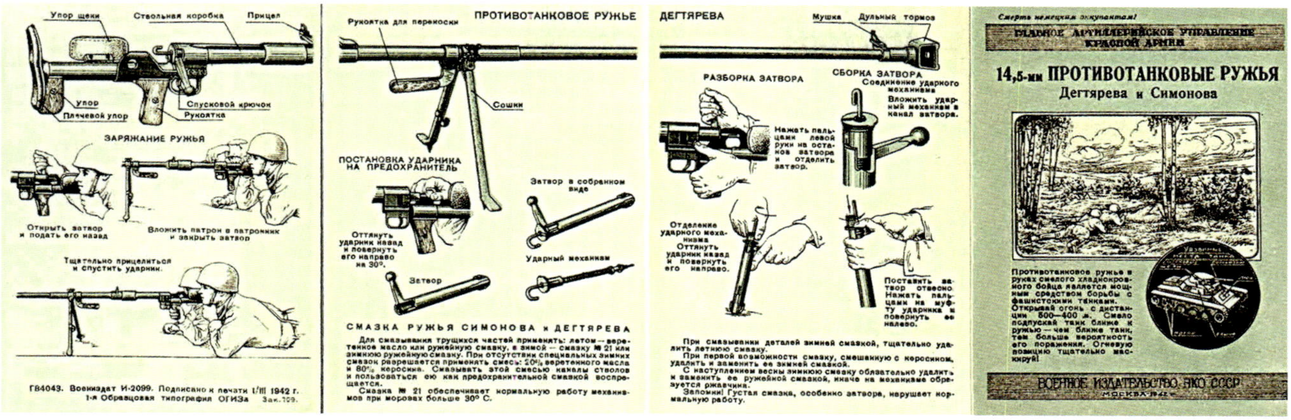

Russische Kurzanleitung zur Handhabung der PTRD von 1942.

Die Patrone im Kaliber 14,5 × 114 mm bewährte sich hervorragend und findet bis heute in verschiedenen Waffen Verwendung.

Russische Munition wird bevorzugt in Blechbehältern mit Dosenöffner ausgeliefert, so wie diese funktionslosen Exerzierpatronen.

Ob sich diese spezielle Vorrichtung zum Schießen vom Pferderücken in der Praxis bewährte, ist bei dem hohen Mündungsgasdruck und lauten Schussgeräusch mehr als fraglich.

Die Rote Armee setzte ihre Panzerbüchsen in Massen ein. Hier eine Ausbildungseinheit in einer unbekannten Stadt 1942.

Da sich die PTRD sehr einfach bedienen ließ, erhielten viele Schützen eine Schnelleinweisung im Felde.

Finnland nutzte erbeutete Panzerbüchsen zur Bekämpfung ihrer ehemaligen Besitzer. Dieser Schütze hat soeben nachgeladen und schließt nun den Verschluss.

Im urbanen Gelände hatte die Panzerbüchse die Vorteile der Überraschung und kurzen Schussdistanzen mit entsprechend höherer Durchschlagskraft. Diese Propagandaaufnahme entstand 1942 in Stalingrad.

Zum Mitführen der Munition gab es gürtelartige Patronentaschen zum Umhängen-

Soldaten einer italienischen Einheit posieren vor einem zerstörten russischen T-60 mit zwei PTRD für ein Erinnerungsfoto.

Mit der schlanken PTRD ließen sich auch kleine Öffnungen in der Deckung gut nutzen.

Auch heute ist die bewährte PTRD noch lange nicht im Ruhestand, wie dieses Foto von den Kämpfen in der Ukraine zeigt.

Dank ihrer einfachen Technik konnte die PTRD auch von weniger qualifizierten Arbeitern schnell in großen Mengen hergestellt werden. Von keiner anderen Panzerbüchse liefen im Zweiten Weltkrieg mehr Stück vom Band. Der Ausstoß war mit 281.111 Exemplaren gigantisch (s. auch die nebenstehende Tabelle, links).

1941:	17.688
1942:	184.800
1943:	62.350
1944:	16.273

Die Wehrmacht erbeutete auf ihrem Vormarsch große Mengen der PTRD mitsamt Munition. Unter der Bezeichnung Panzerbüchse 783(r) bezeichnet wurden die Waffen meistens unverzüglich an die eigenen Truppen ausgegeben und gegen ihre ehemaligen Besitzer eingesetzt.

Technische Daten:	
Kaliber:	14,5 x 114 mm
Länge:	202 cm
Lauflänge:	135 cm
Gewicht (ungeladen):	16,3 kg
Magazinkapazität:	Einzellader

PTRS

Im Gegensatz zu Degtjarjows Einzellader war die Konstruktion von Sergei Gawrilowitsch Simonows Selbstladewaffe aufwendiger und dauerte dementsprechend auch länger. Sie befand sich noch in der Entwicklungsphase, als die PTRD bereits in Serienfertigung vom Band lief.
Simonows begann seine Arbeit an der neuen Panzerbüchse zunächst in der Waffenfabrik Nr. 66 in Tula. Bereits 1927 war dort das Konstruktionsbüro für Gerätebau (KBP) für die Entwicklung von Kleinwaffen gegründet worden. Doch die Industriestadt liegt nur etwa 200 km südlich von Moskau und im Herbst 1941 kämpften sich die deutschen Truppen immer weiter an die Hauptstadt heran. In Tula bereitete man sich auf den bevorstehenden Angriff vor, legte im Vorfeld der Stadt Panzerabwehrgräben und Drahtsperren an. Die Entwicklungsarbeiten wurden deshalb in sicherere Gebiete verlagert. Simonow setzte seine Arbeit ab Oktober in der Waffenfabrik Nr. 614 im 900 km entfernt gelegenen Saratow fort. Trotz dieser Unterbrechung konnte er die Waffe noch im Jahre 1941 fertigstellen.
Und noch im selben Jahr wurde die Waffe als Protiwotankowoje Ruschjo Simonowa (Simonow-Panzergewehr), oder kurz PTRS, offiziell in der Roten Armee eingeführt. Die Munitionszufuhr erfolgte mittels Laderahmen für fünf Patronen. Dazu wird der Verschluss zurückgezogen, dann die Abdeckung des Patronenschachts abgeklappt, ein neuer Laderahmen von unten in den Schacht gedrückt und danach die Abdeckung wieder geschlossen. Eine auf der Innenseite der Abdeckung angebrachte Feder drückt die Patronen im Laderahmen nach oben, so dass die jeweils oberste vom vorlaufenden Verschluss erfasst werden kann. Nach dem letzten Schuss bleibt der Verschluss zum schnelleren Nachladen in offener Stellung stehen.
Die beide Panzerbüchsen waren in ihrer Wirkung vergleichbar, wobei Simonows Waffe als halbautomatischer Gasdrucklader über eine schnellere Schussfolge verfügte. Ihr Rückstoß war auch etwas geringer, da ein Teil des Gasdrucks für den Wiederlademechanismus abgezweigt wurde. Andererseits war eben dieser Mechanismus auch störanfälliger als ein simpler Einzellader. Die Gasentnahmebohrung neigte zur Verschmutzung und auch mit extrem niedrige Temperaturen kam Simonows Waffe nicht so gut zurecht. Zur Not ließ sie sich aber auch als Einzellader verwenden, indem der Schütze die Patronen einfach von Hand ins Patronenlager schob.
Bedingt durch die Verzögerung in der Entwicklung wurden 1941 nur ganze 77 Stück hergestellt. Im Folgejahr waren es dann aber schon über 63.000 und bis zur Einstellung der Fertigung von Panzerbüchsen Ende 1944 belief sich die Gesamtproduktion auf insgesamt 190.615 Stück.

Die halbautomatische PTRS kam erst ab 1942 in größeren Stückzahlen an die Front.

In ihrer Wirkung im Ziel unterschied sich die PTRS nicht von der PTRD. Aber ihre Feuergeschwindigkeit war deutlich höher.

1941:	77
1942:	63.308
1943:	93.080
1944:	34.150

Über die Beliebtheit bei der Truppe gibt es unterschiedliche Aussagen. Viele Soldaten bevorzugten die leichtere und einfachere PTRD. Andere Berichte wiederum beschwören die enorme Feuerkraft der halbautomatischen PTRS. Die Wirkung des einzelnen Treffers im Ziel war jedenfalls gleich. Und trotz zunehmender Panzerstärke der deutschen Panzer blieben beide Waffen bis Kriegsende ein nicht zu unterschätzender Gegner. Ein bekanntes Beispiel ist die erfolgreiche Verteidigung eines strategisch wichtigen Hauses im Zentrum von Stalingrad durch den Feldwebel Jakow Pawlow und seiner kleinen Kampfgruppe. Er hatte erkannt, dass die Panzerbüchsen in der Lage waren, die dünnere

Sergei Simonow (Mitte) bei einer Vorführung seiner Waffe im August 1943.

Anstelle eines Einsteckmagazins entschied sich Simonov für die einfacher zu fertigenden Laderahmen zur Aufnahme von fünf Patronen.

Zum Laden wird die Abdeckung heruntergeklappt und der volle Laderahmen von unten in den Schacht gedrückt.

Im Gefecht übernahm meistens ein zweiter Mann das Nachladen.

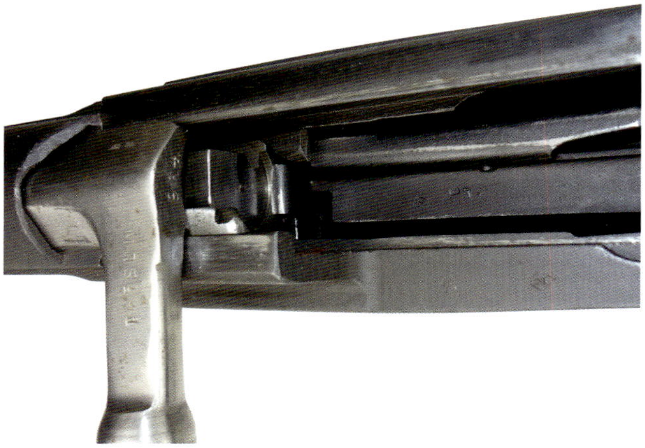

Nach dem Leerschießen wird der Verschluss von einer hochgedrückten Sperre in seiner hinteren Stellung gehalten.

An der Mündungsbremse sind deutlich die groben Bearbeitungsspuren und Schweißnähte zu sehen.

Die breiten Fußenden des Zweibeins verhinderten ein Einsinken im weichen Boden.

1942 wurde die Verwendung von Zielfernrohren getestet. Zu einer Einführung kam es aber nicht.

Technische Daten:	
Kaliber:	14,5 x 114 mm
Länge:	214 cm
Lauflänge:	123 cm
Gewicht (ungeladen):	20,9 kg
Magazinkapazität:	5 Patronen

Panzerung der Turmdecken der deutschen Panzer zu durchschlagen. Nachdem er mehrere PTRS in den oberen Stockwerken des Hauses platziert hatte, konnten sich die Panzer nicht mehr unbehelligt nähern und zudem in den engen Straßen ihre Kanonen nicht so hoch schwenken, um die Russen zu bekämpfen. Pawlow wurde nach dem Krieg für diese Aktion als Held der Sowjetunion ausgezeichnet. Durch die Wehrmacht erbeutete Waffen wurden als Panzerbüchse 784(r) bezeichnet. Auch in den weltweiten Konflikten seit dem Zweiten Weltkrieg tauchen die russischen PTRD und PTRS in nicht unerheblichen Mengen auf, zumal die Munition dafür auch heute noch hergestellt wird.

Seltene Fotoaufnahme aus dem Jahr 1941 vom Anlauf der Fertigung der PTRS in der Waffenfabrik Nr. 66 in Tula.

Auch heute noch gefragt: eine PTRS in den Händen ukrainischer Kämpfer.

Schweiz

Solothurn

Wie viele andere deutsche Rüstungsunternehmen, litt auch Rheinmetall unter der Last des Versailler Vertrages. Um die restriktiven Bestimmungen zu umgehen suchte man nach einen geeigneten Standort im neutralen Ausland, um wieder mit der Entwicklung von leichten Waffen und der Produktion von Versuchsstücken beginnen zu können. Am 6. April 1929 unterzeichneten die Rheinische Metallwaren- und Maschinenfabrik AG und die Waffenfabrik Solothurn AG in der Schweiz einen Grundsatzvertrag zur Regelung einer künftigen Zusammenarbeit.

Rheinmetall war es gelungen, rund 23.000 Tonnen Maschinen, Werkzeuge und Fertigungsunterlagen heimlich nach Holland zu transportieren und damit vor der Demontage zu retten. Falsch deklariert lagerten sie dort mehrere Jahre in angemieteten Lagerhäusern, bevor sie nun in die Schweiz gebracht werden konnten. Sie bildeten die Grundausstattung der neuen Waffenfabrik Solothurn und wurden 1930 von dieser auch offiziell angekauft.

Zu den ersten Entwicklungen zählten unter anderem automatische 2-cm-Kanonen. Im selben Kaliber entstand auch die erste Panzerbüchse, nämlich das Modell S 5-100. In der Projektgruppe arbeiteten so bekannte Namen wie Louis Stange, der später noch als Vater des MG 34 und des Fallschirmjägergewehrs 42 bekannt werden sollte. Die Panzerbüchse war zunächst kein großer Erfolg, aber sie bildete die Grundlage für die Weiterentwicklung zum Modell S 18-100.

Die S 18-100 wurde 1933 fertig und überzeugte bei den firmeninternen Versuchen. Ihr Gewicht betrug 44 kg und sie verschoss die Patrone 20 x 105 mm B (das B steht für Belted Case = Gürtelhülse). Auf 100 Meter ließen sich damit 20 mm Panzerstahl durchschlagen. Die Waffe war ein aufschießender Rückstoßlader mit Drehriegelverschluss. Die Munitionszufuhr erfolgte aus einem linksseitig eingesteckten Magazin für 5 oder 10 Patronen. Nach Verschießen der letzten Patrone hielt ein Verschlussfang den Verschluss in seiner hinteren Stellung um das Nachladen zu beschleunigen. Gespannt wurde mit einem übersetzten Spannhebel an der rechten Gehäuseseite, was den Kraftaufwand verringerte.

Trotz des hohen Eigengewichts der Waffe, einem vor dem Verschlussgehäuse angebrachten höhenverstellbaren Zweibeins sowie einem ebenfalls höhenverstellbaren Erdsporns an der gepolsterten Schulterstütze blieb der Rückstoß beim Abfeuern enorm. Verschiedene Mündungsbremsen ließen sich je nach Verwendungszweck und Munition auf ein Mündungsgewinde aufschrauben.

Zum Zielen diente ein standardmäßig montiertes Kurvenvisier, einstellbar bis 1.500 m Entfer-

Ab 1933 bot die Waffenfabrik Solothurn AG ihre S 18-100 auf dem Markt an.

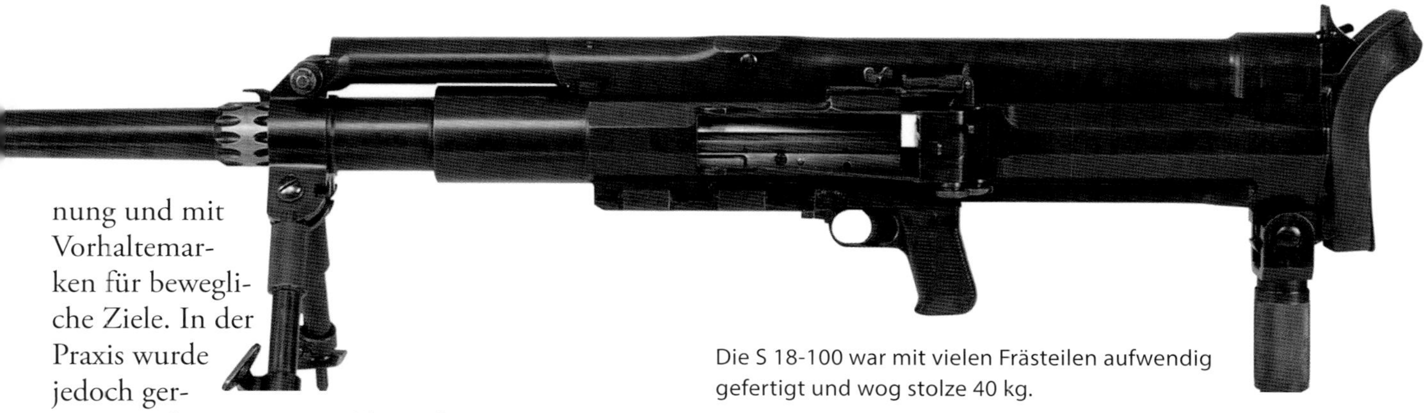

Die S 18-100 war mit vielen Frästeilen aufwendig gefertigt und wog stolze 40 kg.

nung und mit Vorhaltemarken für bewegliche Ziele. In der Praxis wurde jedoch gerne ein viel genaueres Zielfernrohr montiert. Mehrere Länder zeigten sich an der Waffe interessiert. Die Niederlande, Italien und das Deutsche Reich erwarben einige Exemplare zur Erprobung, aber ihnen war die Leistung für solch eine schwere Waffe zu gering. Auch die Schweizer Armee sah von einer Einführung ab. Dafür fand Ungarn Gefallen an der S 18-100 und führte sie als 36M 20mm Nehézpuska ein. 1936 begann bei Danuvia Gépipari in Budapest sogar eine Lizenzfertigung, die erst 1943 endete. Bulgarien erwarb 1936 einige Stücke als S 18-154, ebenso Estland 1938. Insgesamt lief der Verkauf jedoch schlecht. Da halfen auch einige Verbesserungen am Modell nichts.

Ende der 1930er-Jahre wurde deshalb die Panzerbüchse nochmals grundlegend überarbeitet, für die stärkere Patrone 20 x 138 B eingerichtet und mit einem längeren Lauf bestückt. Eine am Verschlussgehäuse dieses nun S 18-1000 genannten Modells angebrachten Kurbel, die den Verschluss über eine Kette nach hinten zieht, erleichterte das Spannen. Zum Spannen mussten 3½ Umdrehungen gemacht werden. Das Gewicht der Waffe erhöhte sich dadurch auf über 53 kg. Für den Transport gab es optional eine leichte Radlafette zum Ziehen. Mit der S 18-1000 ließen sich Panzergranaten, Sprenggranaten und Übungsgranaten verschießen. Als Visier diente nun standardmäßig ein Zielfernrohr mit 2,75-facher Vergrößerung.

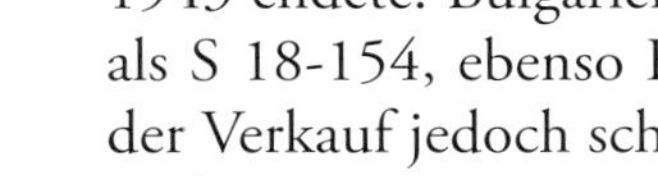

Die Schweizer Armee führte die Waffe als Tankbüchse Solo 40 ein und erwarb 93 Stück. Die Niederlande bestellten 662 Stück, von denen bis zur deutschen Besetzung nur 197 ausgeliefert wurden. Italien bezog 578 Stück als Fucile Anticarro S und erhielt zusätzlich 63 Waffen aus der holländischen Beute.

Vorführung der S 18-100 mit Zielfernrohr im scharfen Schuss.

Die Wehrmacht setzte nur wenige S 18-100 ein und die Waffe war wegen ihrem Gewicht auch nicht beliebt.

In der Wehrmacht nutzte man die in der Schweiz erworbenen und in den besetzten Ländern eingesammelten Waffen unter der Bezeichnung Panzerabwehrbüchse 785 mit dem jeweiligen Länderzusatz (s), (h) oder (i).

Mit der immer stärkeren Panzerung von Kampffahrzeugen reichte die Durchschlagleistung bald

Dieses beeindruckende Foto zeigt eine Reihe S 18-100 vor der Auslieferung. Zerlegt, mit abgenommenen Läufen, passten die Waffen mitsamt Zubehör in die bereitstehenden Holzkisten.

Bulgarien erwarb 1936 einige Exemplare des Modells S 18-154 zu Versuchszwecken.

Da die Leistung der S 18-154 im Verhältnis zu Preis und Gewicht nicht überzeugte, bestellte Bulgarien keine weiteren Waffen.

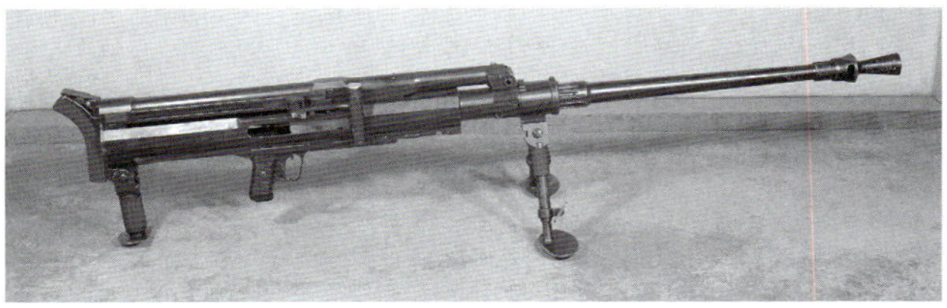

Auch Finnland kaufte 1940 zwölf Stück des Modells S 18-154, die aber erst nach Ende des Winterkriegs im Land ankamen. [SA KUVA]

Die S 18-1000 war für die stärkere Patrone 20 x 138 B eingerichtet und mit einem längeren Lauf bestückt.

Schweden führte die S 18-1000 als »20 mm pvkan m/39« (Pansarvärnskanon) in seiner Armee ein.

Die Kurbel zieht den Verschluss über eine Kette nach hinten und erleichtert so das Spannen. 3½ Umdrehungen sind dafür nötig.

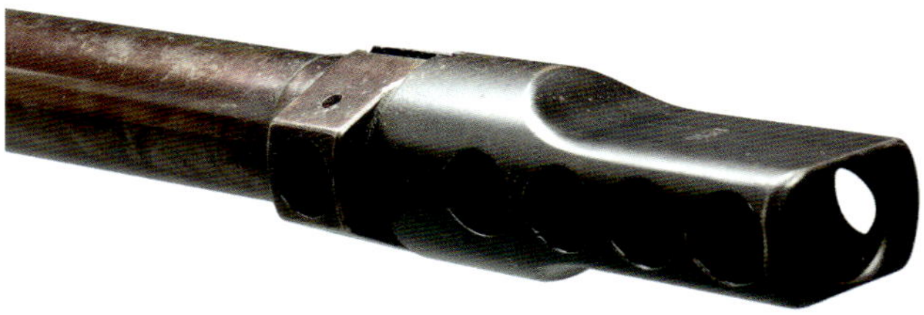

Je nach Einsatzzweck und Munition standen verschiedene Mündungsbremsen zur Auswahl.

Das Visier mit seiner Skala bis 1.500 Meter war für Notfälle gedacht, denn die S 18-1000 erhielt serienmäßig ein Zielfernrohr.

Außer der Modellbezeichnung S 18-1000, dem Jahr und der Seriennummer tragen die Solothurner Panzerbüchsen keinerlei Herstellerangaben.

Italienische Soldaten mit einer S 18-1000 in Nordafrika. Der zweite Mann hält ein gefülltes Magazin bereit.

Auch heute kann man noch Exemplare der S 18-1000 im scharfen Schuss erleben. Wie hier auf der Knob Creek Gun Range in den USA.

Die Wehrmacht montierte einige S 18-1000 auf den Schützenpanzerwagen Sd.Kfz.250.

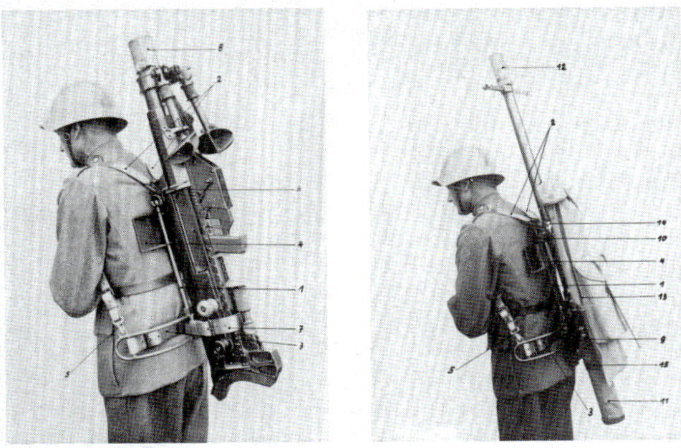

Für den Transport der in zwei Teile zerlegten S 18-1000 als Rückenlast gab es spezielle Tragegestelle.

Für den Transport der S 18-1000 gab es optional eine leichte Radlafette zum Ziehen.

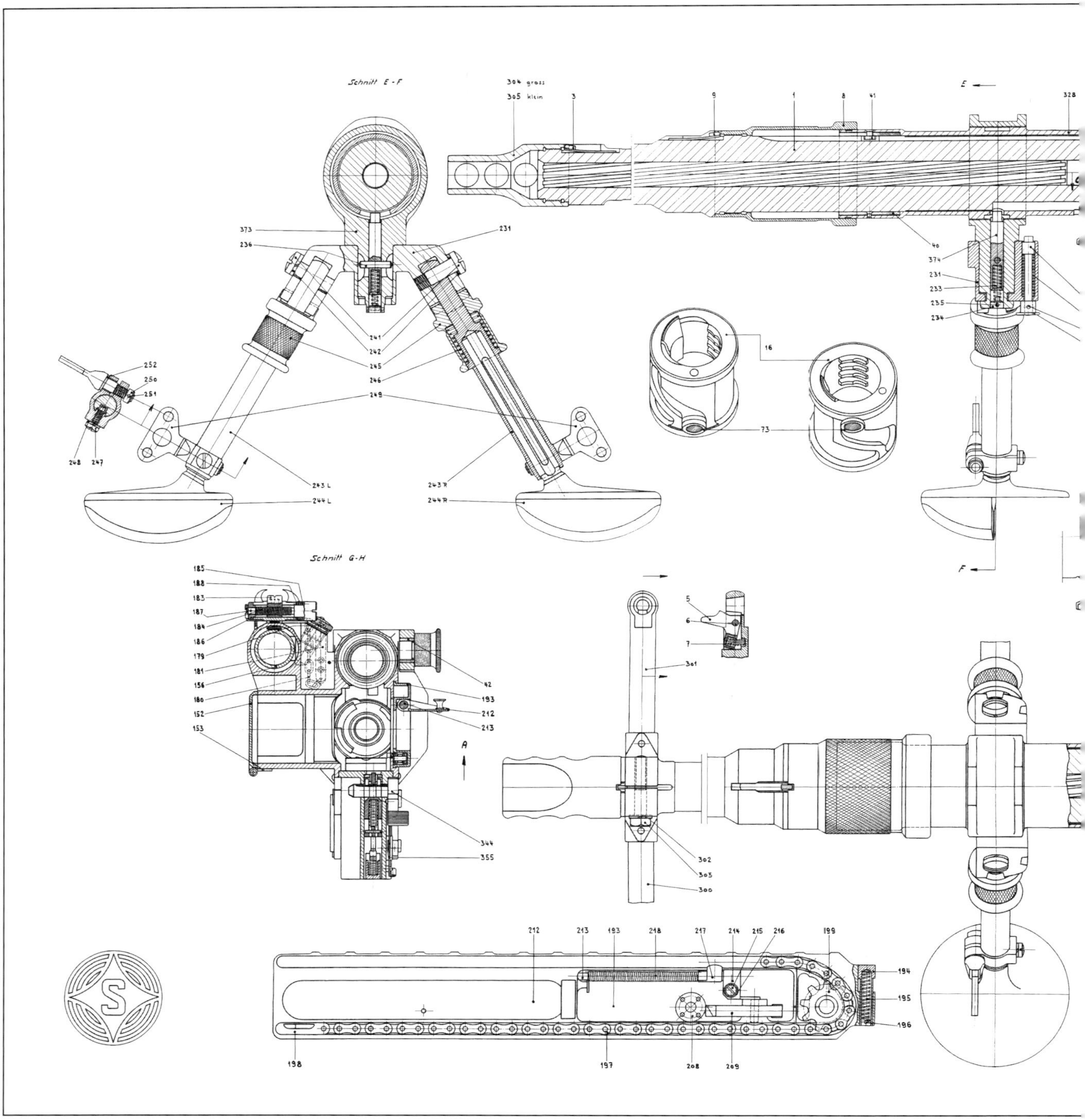

Das Modell S 18-1100 konnte Einzel- und Dauerfeuer schießen und zur Abwehr von Tieffliegern eingesetzt werden. Links unten

nicht mehr aus. Im weiteren Kriegsverlauf versuchte sich die Waffenfabrik Solothurn nochmals an einer Leistungssteigerung. Um 1942 entstand so das Modell S 18-1100, welches nun eine Wahlmöglichkeit für Einzel- und Dauerfeuer besaß. Zum Zweck der Fliegerabwehr konnte es auf eine spezielle Lafette montiert werden. Laut Seriennummern betrug die Gesamtfertigung des Vollautomatik-Modells etwa 3.000 Stück.

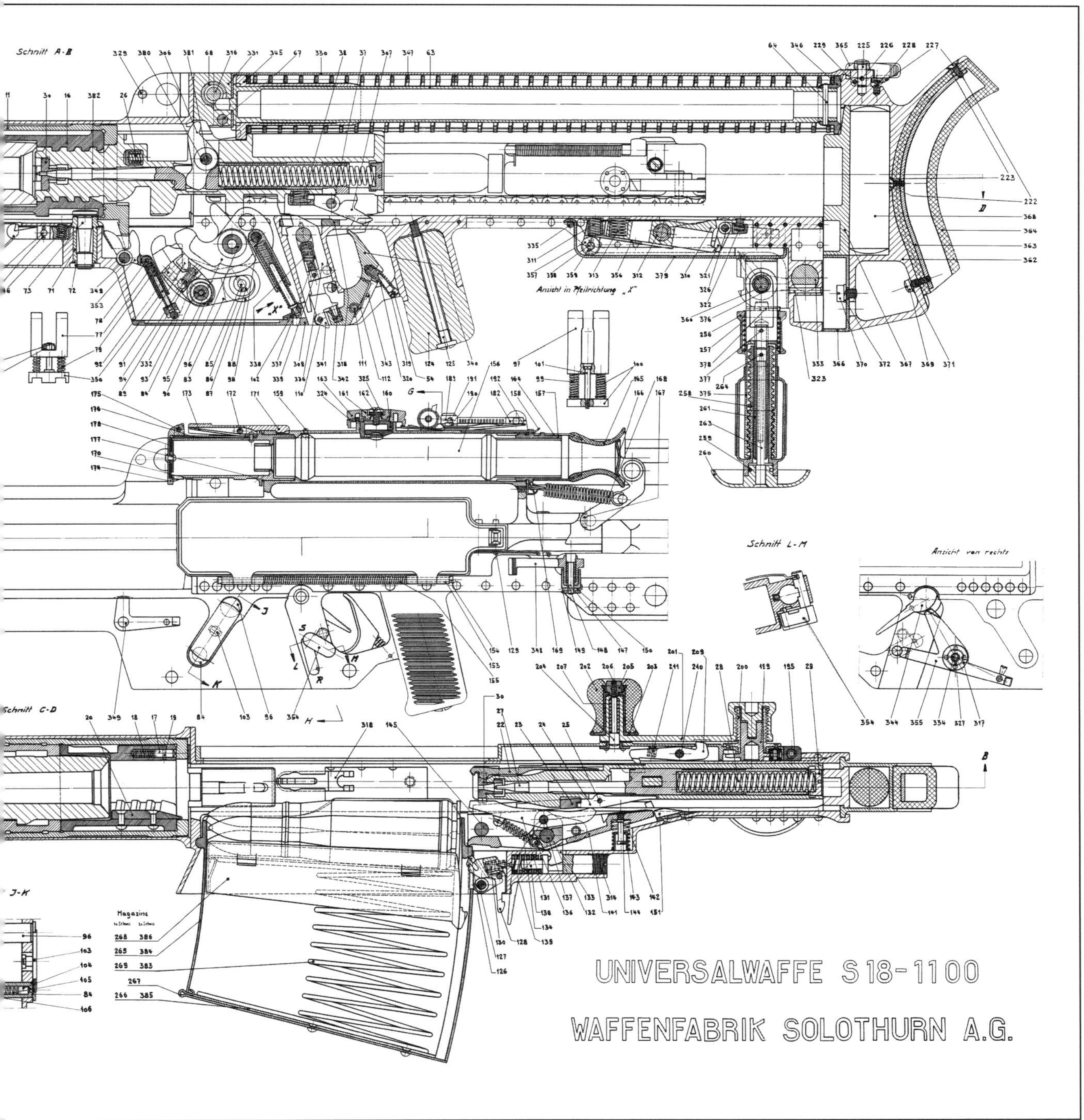

ist der Spannkurbelmechanismus mit Kette abgebildet.

Technische Daten:	**S 18-100**	**S 18-1000/1100**
Kaliber:	20 x 105 mm B	20 x 138 B
Länge:	176 cm	216 cm
Lauflänge:	90 cm	145 cm
Gewicht (ungeladen):	40,0 kg	53,5 kg
Magazinkapazität:	5, 10 Patronen	5, 10 Patronen

Tankbüchse 41

Neben den Waffen aus Solothurn setzte die Schweizer Armee noch eine weitere Panzerbüchse ein. Mit einem Gewicht von 74 kg ist die »24 mm Tankbüchse 41« (Tb 41) allerdings kaum noch tragbar gewesen und eher in die Kategorie einer leichten Panzerabwehrkanone einzuordnen.

Entwickelt wurde sie ab 1938 auf Basis der Panzerwagenkanone 38 von der staatlichen Eidgenössischen Waffenfabrik (W+F) in Bern, die damals den größten Teil aller Waffen der Schweizer Armee herstellte. Das »+« im Kürzel »W+F« steht übrigens für das Schweizer Kreuz. Chefkonstrukteur war der bekannte Oberstbrigadier Adolf Furrer-Kägi. Als Direktor der Waffenfabrik hatte er Einfluss auf sämtliche Projekte und unter seinem Wirken entstanden vor allem Waffen mit dem von ihm entwickelten Kniegelenkverschluss, von der Maschinenpistole 41/44 bis hin zum Großgerät wie der 34 mm Fliegerabwehrkanone 1938.

Auch die als aufschießender Rückstoßlader konzipierte Tankbüchse 41 besaß den typischen Kniegelenkverschluss. In verriegelter Stellung ist das Kniegelenk gestreckt und blockiert den Verschlusskopf hinter dem Patronenlager. Beim Abschuss wird der auf den Verschlusskopf wirkende Rückstoß durch Übertragungsflächen auf die Vorderseite des Hintergelenks übertragen. Durch den Rücklauf des beweglichen Teils der Waffe bricht das Kniegelenk, worauf das Hintergelenk ausschwenkt und dadurch die Verriegelung löst. Der durch das Stützgelenk weiter gesteuerte Rücklauf wird durch die Schließfeder umgekehrt, die Waffe lädt nach und ist wieder schussbereit.

Zum Laden der Waffe war hinten am Gehäuse ein Ladehebel angebracht, welcher den beweglichen Teil der Waffe (Lauf, Laufverlängerung und Verschluss) wie beim Schuss nach hinten zieht. Dazu wird der Hebel einmal nach hinten geschwenkt und losgelassen. Im Gegensatz zu den Solothurner Panzerbüchsen erfolgte bei der Tb 41 die Munitionszufuhr von rechts mit linksseitigem Hülsenauswurf. Das Magazin fasste sechs Patronen und wurde nach dem Leerschießen automatisch ausgeworfen.

Das offene Visier über Kimme und Korn ging bis zu 1.500 Metern. Zielfernrohre wurden nur selten verwendet. Zur Bändigung des heftigen Rückstoßes erhielt der Lauf eine mächtige Mündungsbremse zur Ablenkung der Pulvergase schräg nach hinten. Je nach Lage konnte direkt von der Radlafette gefeuert werden. Durch Abmontieren der beiden Räder entstand daraus eine Dreibeinlafette.

Die Eidgenössische Waffenfabrik (W+F) in Bern entwickelte die 24 mm Tankbüchse 41. [Holger Schlemeier]

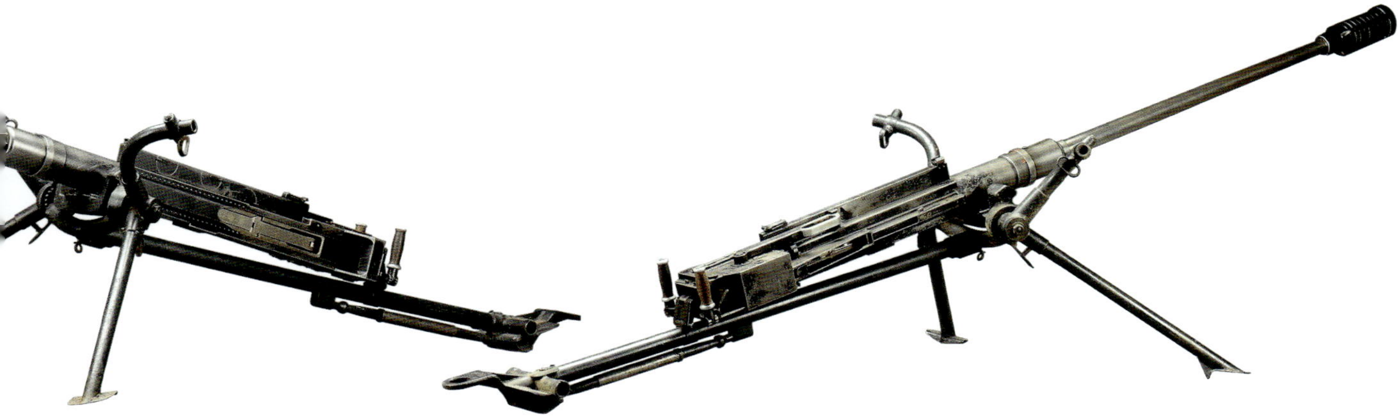

Nach Demontage der beiden Räder steht die Waffe stabil auf einem Zweibein.

Allein schon der Aufbau der gefrästen Mündungsbremse zeigt, wie aufwendig die Herstellung der Tb 41 war.

Das Magazin für sechs Patronen wurde von der rechten Seite ins Gehäuse gesteckt.

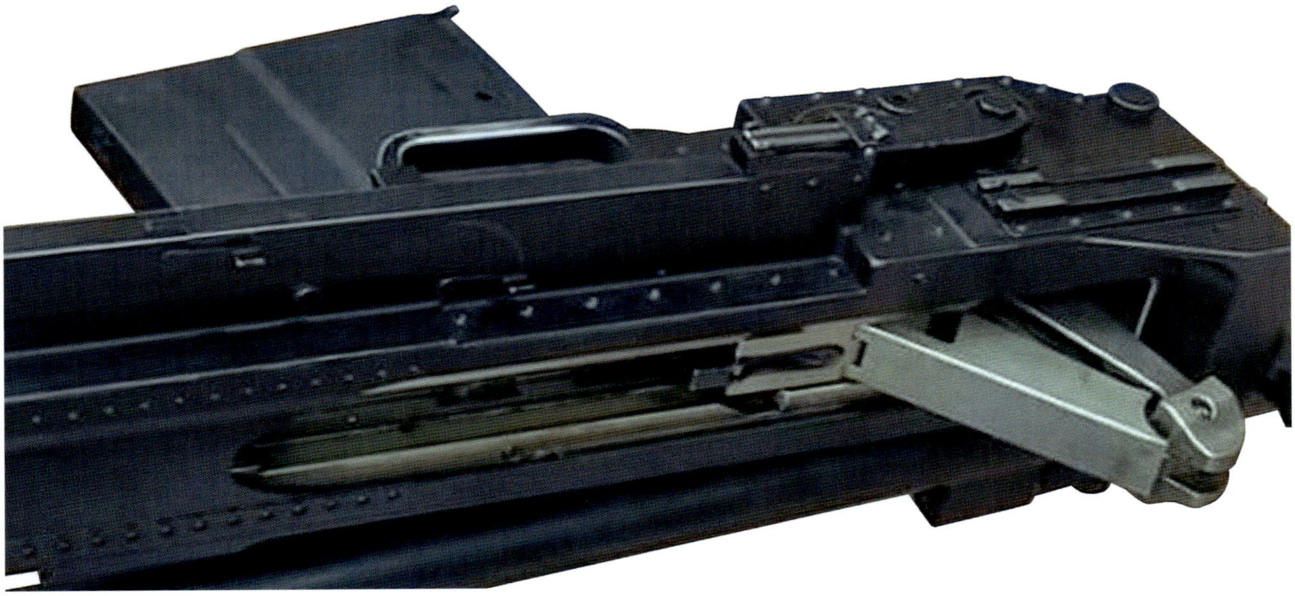

Ungewöhnlich für eine Waffe dieser Größe ist die Verwendung eines Kniegelenkverschlusses.

Eine Tb 41 in Feuerstellung während einer Übung.

Herstellerangaben auf der Tb 41 mit Seriennummer 872. Insgesamt wurden 3581 Stück produziert.

Blick auf den Deckel mit Schiebevisier bis 1.500 Meter.

Das Magazin wird nach dem Leerschießen automatisch ausgeworfen.

Im Mai 1941 begann die Auslieferung der Tankbüchse 41 an die Infanterie der Schweizer Armee und die Fertigung wurde erst nach Kriegsende eingestellt. Bis dahin waren 3.581 Stück vom Band gelaufen. Angesichts der internationalen Entwicklungen auf dem Gebiet der Panzerabwehr während des Krieges war die Tankbüchse 41 zu dieser Zeit bereits veraltet und so kam es schon in den 1950er-Jahren zur Ausmusterung.

Eine hervorragende Sammlung an Schweizer Panzerbüchsen findet man im Militär- und Festungsmuseum Full-Reuenthal. Wie hier die Tb 41 und die S 18-1100.

Ohne die Räder wäre ein Transport über längere Strecken sehr beschwerlich gewesen [Holger Schlemeier].

Technische Daten:	
Kaliber:	24 x 139 mm
Länge:	259,0 cm
Lauflänge:	151,5 cm
Gewicht (ungeladen):	74,5 kg
Magazinkapazität:	6 Patronen

Finnland

Lahti L-39 (20 pst kiv/39)

Der verheerende Erste Weltkrieg hatte sich auf die Lebensverhältnisse in Finnland kaum ausgewirkt. Finnische Soldaten nahmen an den Kriegshandlungen nicht teil, soweit sie nicht freiwillig der Russischen Armee des Zaren beigetreten waren. Somit fehlte jegliche Erfahrung mit den neuartigen Tanks und die finnische Armee beschäftigte sich erst in den 1930er Jahren mit speziellen Abwehrwaffen.
Als sich Finnland Ende 1939 den russischen Forderungen nach Grenzverschiebungen in Karelien widersetzte und daraufhin die Rote Armee am frühen Morgen des 30. November 1939 die Grenze überschritt um sich die Gebiete mit Gewalt zu holen, hatten die finnischen Soldaten den feindlichen Panzern nur wenig entgegenzusetzen. Trotz zahlreicher erfolgreicher Abwehrschlachten konnte die finnische Verteidigung in diesem sogenannten Winterkrieg den Feind nicht dauerhaft aufhalten und am 13. März 1940 endete der Krieg durch den Friedensvertrag von Moskau. Finnland musste große Teile Kareliens, darunter mit Wyborg die damals zweitgrößte Stadt des Landes, und andere Gebiete an die Sowjetunion abtreten.
Die militärische Führung erkannte in diesem Krieg rasch den Mangel an Panzerabwehrwaffen, doch es standen lediglich zwei eigene Panzerbüchsen L-39 und einige britische Boys-Panzerbüchsen zur Verfügung. Da sich die L-39 gut bewährte, wurde sie nach Ende der Kampf-

Die finnische Lahti ist mit ihren über 2,20 Metern Länge eine beeindruckende Erscheinung.

handlungen als künftige Standardwaffe der Armee vorgeschlagen.
Ihr Schöpfer war der bekannte finnische Konstrukteur Aimo Johannes Lahti, der damals für die staatliche Gewehrfabrik VKT (Valtion Kivääritehdas) arbeitete und unter anderem vor dem Krieg bereits Waffen wie das Maschinengewehr M/26 und die Maschinenpistole M/31 »Suomi« entwickelt hatte. Als die Armeeführung mit dem Wunsch zur Schaffung einer Panzerbüchse an ihn herantrat, konnte er das starke Kaliber 2 cm durchsetzen. Anfangs glaubten führende Militärs nämlich, dass die Mündungsgeschwindigkeit dieses Kalibers zu gering sei, um Panzerungen zu durchschlagen, was Lahti aber bei umfangreichen Tests im Sommer 1938 widerlegte. Die Serienwaffen wurden somit im Kaliber 20 x 138 mm B produziert, der selben Patrone, die auch in der Solothurn-Panzerbüchse S 18-1000 Verwendung fand.
Kompetenzstreitigkeiten im Kriegsministerium und die Unentschlossenheit des Infanterieinspektors Generalmajor Erik Heinrichs verzögerten die Herstellungsentscheidung bis zum 6. September 1939. Die offizielle Bezeichnung der neuen Waffe lautete nun »20 mm Panssarintorjuntakivääri 39« (20 mm Panzerabwehrgewehr 39), wobei Lahtis Modellbezeichnung L-39 ebenso weiterverwendet wurde.
Zur Steigerung der Feuerkraft konstruierte Lahti die L-39 als Selbstladewaffe mit Magazinzuführung von oben. Ganze 10 Schuss konnte der Schütze in rascher Folge auf den Feindpanzer abfeuern, bevor ein Magazinwechsel nötig war. Bedingt durch das Magazin befinden sich Kimme und Korn nicht zentral über der Laufachse, sondern sind nach links versetzt. Der Rückstoß war enorm, und obwohl ihn der Selbstlademechanismus bereits abschwächte, montierte Lahti zusätzlich eine Mündungsbremse und eine gepolsterte Schulterstütze. Der Lauf erhielt einen hölzernen Mantel mit zahlreichen Küh-

Dank des hölzernen Laufmantels konnte man die Waffe auch bei heißgeschossenem Lauf dort anfassen und tragen.

Blick auf die mächtige Mündungsbremse der Lahti L-39.

Die Kufen erleichterten im Gelände das Ziehen über Stock und Stein.

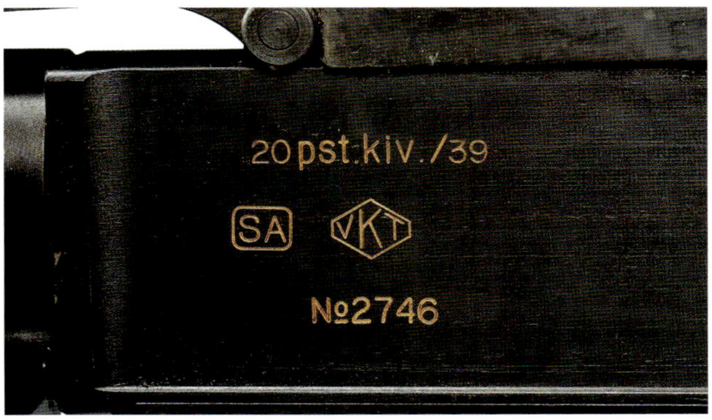

Die Abkürzung steht für »20 mm Panssarintorjuntakivääri 39«. SA ist der Eigentumsstempel der finnischen Armee und VKT das Kürzel der staatlichen Waffenfabrik Valtion Kivääritehdas.

Wegen des mittig sitzenden Magazins sind Kimme und Korn linksseitig versetzt.

Die Schulterstütze ist aus gutem Grund stark gepolstert.

lungsöffnungen zur Luftzirkulation. Somit konnte man die Waffe zum Stellungswechsel auch bei heißgeschossenem Lauf anfassen.

Die L-39 arbeitet als aufschießender Gasdrucklader. Der unter dem Lauf befindliche Gaskanal ist zudem mit einem Gasdruckregler ausgerüstet, um auch bei zunehmender Verschmutzung die Funktion sicherzustellen. Für eine Selbstladewaffe ist die Funktionsweise jedoch ungewöhnlich, denn nach dem Schuss ist die Waffe nicht wieder von alleine sofort feuerbereit. Der Verschluss wird immer in seiner hinteren Stellung gefangen und erst durch Betätigen eines im Pistolengriff integrierten Drückers gelöst. Nach dieser manuellen Freigabe durch den Schützen bewegt die Schließfeder den Verschlussträger mitsamt Verschluss nach vorn, wobei eine neue Patrone aus dem Magazin ins Patronenlager geschoben und die Schlagbolzenfeder gespannt wird. Nun kann der Schütze durch Ziehen des Abzugs den Schuss auslösen. Sinn der Sache: eine gute Kühlung der offenen Waffe in Feuerpausen. Geübte Schützen schafften Schussfolgen von bis zu 15 Schuss in der Minute inklusive Magazinwechsel. Die leeren Patronenhülsen werden nach unten ausgeworfen. Der breite Abzugsbügel schützt dabei die Hand des Schützen vor den heißen Hülsen.

Auf 100 m betrug die Durchschlagsleistung etwa 30 mm Panzerstahl und auf 300 m Entfernung immer noch 25 mm. Die neueren sowjetischen Panzer T-34 oder KW-1 ließen sich damit nicht mehr so einfach bekämpfen, aber unter Ausnutzung des Geländes und der raschen Schussfolge auf empfindliche Stellen konnten die finnischen Soldaten doch zahlreiche Panzer knacken. Die Waffe kam auch gegen Bunker zum Einsatz und ab und zu gelang sogar der Abschuss einer niedrig fliegenden Iljuschin Il-2 »Schturmowik«. Diesen stark gepanzerten Schlachtflugzeugen konnten normale Infanteriegeschosse nur wenig anhaben. Weit entfernte Ziele ließen sich mit Explosiv- und Brandgeschossen bis auf mehrere Kilometer bekämpfen oder zumindest stören. Beliebt war im heißen Sommer auch das Inbrandsetzen trockener Wälder in denen der Feind Stellung bezogen hatte.

Das wohl größte Manko der L-39 war zweifelsohne ihr Gewicht. Die finnischen Soldaten tauften sie »norsupyssy« (Elefantengewehr). In der finnischen Wildnis musste das über zwei Meter lange Monstrum mit einem Leergewicht von 42 kg über Stock und Stein geschleppt werden. Allein das gefüllte Magazin wog fast 7 kg. Immerhin halfen die beiden Kufen beim Ziehen durch Mensch oder Rentier und verhinderten ein Einsinken im Untergrund.

Die Fertigung der Panzerbüchse wurde mit großer Dringlichkeit vorangetrieben. Das war auch gut so, denn bereits im Juni 1941 begann der sogenannte Fortsetzungskrieg mit der Sowjetunion. Die ersten

zehn Stück verließen am 10. April 1940 die Fabrik in Jyväskylä. Insgesamt bestellte die finnische Armee 1.852 Stück der L-39 und 224 Stück der vollautomatischen Flugabwehr-Ausführung L-39/44. Letztere entstand durch Entfernen des Verschlussfangs. Allerdings überforderte die Feuerrate die Mechanik und führte zu technischen Problemen.
Ein Großteil der L-39 überstand den Zweiten Weltkrieg. Die offiziellen Verluste betrugen nur 312 Stück, und das obwohl die schwere Waffe bei Rückzügen oftmals nicht mitgenommen werden konnte. In den Nachkriegsjahren verblieben diese Waffen noch lange in den Armeedepots, bis sie in den 1960er Jahren in alle Welt verkauft und der Rest dann verschrottet wurde.

Die Küstenwache verwendete einige Panzerbüchsen auf ihren Schnellbooten.

Einweisung von Soldaten in den Gebrauch der Lahti L-39. [SA KUVA]

In der vollautomatischen Ausführung L-39/44 sollte die Waffe gegen Tiefflieger eingesetzt werden. Aber die schnelle Schussfolge strapazierte die Mechanik zu stark und bereitete technische Probleme.

Technische Daten:	
Kaliber:	20 x 138 mm
Länge:	224 cm
Lauflänge:	130 cm
Gewicht (ungeladen):	42,5 kg
Magazinkapazität:	10 Patronen

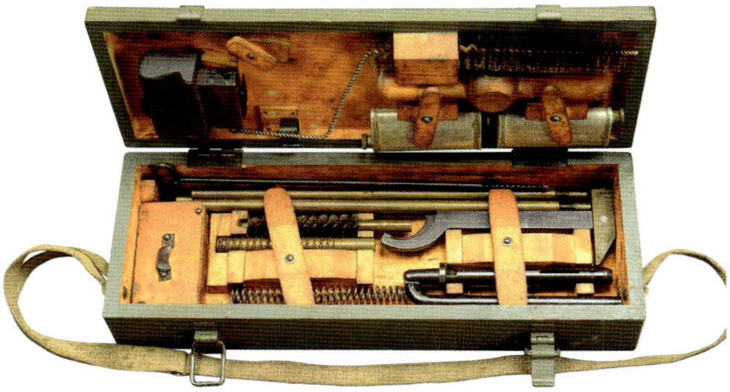

Zu jeder Waffe gehörte ein umfangreicher Werkzeug- und Ersatzteilebestand.

Schweden

Carl Gustaf m/42

In Schweden begannen 1940 bei der staatlichen Carl Gustafs Waffenfabrik in Eskilstuna die Arbeiten an einer leichten Panzerabwehrwaffe für die Infanterie. Aus Gewichtsgründen wählten die leitenden Ingenieure Hugo Abramson und Harald Jentzen eine ungewöhnlche Funktionsweise: eine Gasdüse am Ende des Rohres sollte den Rückstoß kompensieren und die leichte Waffe beim Abschuss von der Schulter beherrschbar machen.

Nach einer Reihe von Versuchen und kleineren Anpassungsarbeiten befand die schwedische Armee die Waffe für brauchbar und führte sie 1942 offiziell als »Pansarvärnsgevär m/42« (pvg m/42) ein.

Die Waffe ist ein Einzellader und wird von hinten geladen. Zwei Mann bildeten die Bedienung, ein Schütze und ein Ladeschütze. Dazu schwenkt der Ladeschütze das zur Düse ausgebildete hintere Ende des Rohres zur Seite, schiebt eine Patrone hinein und verschließt das Rohr anschließend wieder. Die Düse lässt eine wohldosierte Menge an Gasdruck nach hinten entweichen, so dass kaum Rückstoß entsteht.

Für diese Funktionsweise musste auch eine spezielle Munition entwickelt werden, denn ein geschlossener Hülsenboden hätte nicht funktioniert. Die Hülse der Patronen 20 x 180 R besitzt deshalb einen leichtbrüchigen Bodeneinsatz rund um das Zündhütchen. Beim Abschuss treibt der Gasdruck zum einen das Geschoss durch den Lauf, und bricht zum anderen beim Erreichen eines bestimmten Drucks einen Teil des Hülsenbodens heraus. Nun kann ein Teil der Gase nach hinten strömen. Ein großer Nachteil solcher rückstoßarmer Waffen ist der Verlust an Gasdruck für den Antrieb des Geschosses. Die Hülse ist deshalb auch extrem voluminös gestaltet, damit die Treibladungsmenge den Gasverlust kompensieren kann.

Im Gegensatz zu den meisten anderen Panzerbüchsen dieser Zeit ist die pvg m/42 für das Abfeuern von der Schulter vorgesehen. Sie verfügt deshalb auch über eine besonders geformte Schulterstütze und einen Pistolengriff. Auch ein Zweibein ließ sich für den Liegendanschlag montieren.

Die »Pansarvärnsgevär m/42« im Kaliber 20 x 180R war eine ungewöhnliche Konstruktion.

Der Einzellader wird nach seitlichem Wegschwenken der Düse von hinten geladen.

Das Visier war standardmäßig auf 300 Meter justiert, aber es gab auch ein Zielfernrohr zum Aufschieben. Das verwendete Hartkerngeschoss erreichte eine Mündungsgeschwindigkeit von etwa 900 m/s und durchschlug bei einem Auftreffwinkel von 90° knappe 40 mm Panzerung auf 100 Meter Entfernung. Diese Werte ließen sich mit solch einer Waffe kaum noch steigern. Somit war eigentlich klar, dass man damit im Kriegsfall gegen die modernen Panzerkampfwagen nur noch mit Glückstreffern erfolgreich sein würde.

Dennoch bestellte die schwedische Armee 3.219 Stück der pvg m/42, die zwischen August 1942 und Juli 1944 ausgeliefert werden sollten. Wie viele sie davon tatsächlich bis zum Ende des Zweiten Weltkriegs erhielt ist umstritten. Die Carl Gustafs Waffenfabrik arbeitete zu dieser Zeit nämlich schon an fortschrittlicheren Panzerabwehrwaffen. Und wenige Jahre später kam dann auch das Ergebnis in Form der 84-mm-Panzerfaust m/48 (Granatgevär m/48) zur Einführung. Deren Hohlladungsgranaten durchschlugen über 400 mm Panzerstahl.

Die voluminöse Hülse der 20-mm-Patrone enthält genügend Treibladungspulver zum Ausgleich des Gasdruckverlustes durch die Düse.

Technische Daten:	
Kaliber:	20 x 180R
Länge:	145 cm
Gewicht (ungeladen):	11 kg
Magazinkapazität:	Einzellader

Die Herstellung der m/42 erfolgte nur bei der Carl Gustafs Waffenfabrik in Eskilstuna.

Der Boden innerhalb der Gasdüse besitzt zwei Öffnungen ins Freie.

Beim Abschuss bricht der Gasdruck zwei Stückchen des Hülsenbodens heraus und entweicht teilweise nach hinten.

Dänemark

Madsen M/38

Der dänische Rüstungsbetrieb Dansk Industri Syndikat (DISA) mit Sitz in Kopenhagen entwickelte vor Ausbruch des Zweiten Weltkriegs eine Universal-Maschinenwaffe im Kaliber 20 mm. Bekannt ist die Firma weltweit unter dem Namen des Firmengründers Vilhelm Herman Oluf Madsen, weshalb auch diese Waffe die Bezeichnung Madsen Modell 1938 erhielt.

Für die verschiedenen Aufgaben konstruierte Madsen jeweils passende Lafetten und Montagen. Eine leichte Feldlafette (Feltlavet M.1938 F.5) ohne Räder, die zum Transport zusammengeklappt in den Beiwagen der Nimbus-Motorräder der Armee passte, stand für den Einsatz als Panzerabwehrwaffe zur Verfügung. Damit war der Panzerabwehrtrupp äußerst mobil und konnte Brennpunkte schnell erreichen. Die etwas schwerere Ausführung der Lafette besaß zwei Räder und konnte von der Mannschaft gezogen oder hinter ein Fahrzeug gehängt werden. Zur besseren Höhenrichtung bei der Tiefflieger-Abwehr gab es auch dafür eine spezielle Lafette. Die baulich komplizierteste und auch schwerste Lafette war mit drei Achsen versehen und wurde meist auf schwimmenden Einheiten verwendet. Mir ihr ließen sich die Bewegungen des Schiffes ausgleichen. Dazu kamen noch Sonderanfertigungen wie etwa Schartenlafetten für Bunker.

Die luftgekühlte Waffe mit ihrem links seitlich eingesteckten Trommelmagazin wog ohne Lafette 54 kg. Die Radlafette brachte zusätzliche 64 kg auf die Waage. Das Visier reichte bis zu einer Schussweite von 1.800 Metern. Die Bedienung bestand aus sieben Mann, die auch den Handkarren (Karrematteriel M.1931) mit der Munition zogen. Zwölf Patronentrommeln, jeweils zwei pro Transportkasten, fanden auf dem Anhänger Platz. Im Gefecht ließen sich die aus Bastfasern geflochtenen Transportkästen als Rückenlast tragen.

Die Herstellung der M/38 übernahm das Werk in Herlev in der Nähe von Kopenhagen. Dank der vielfältigen Einsatzmöglichkeiten zählte nicht nur die dänische Armee mit 158 bestellten Exemplaren zu den Kunden. Madsen gelangen

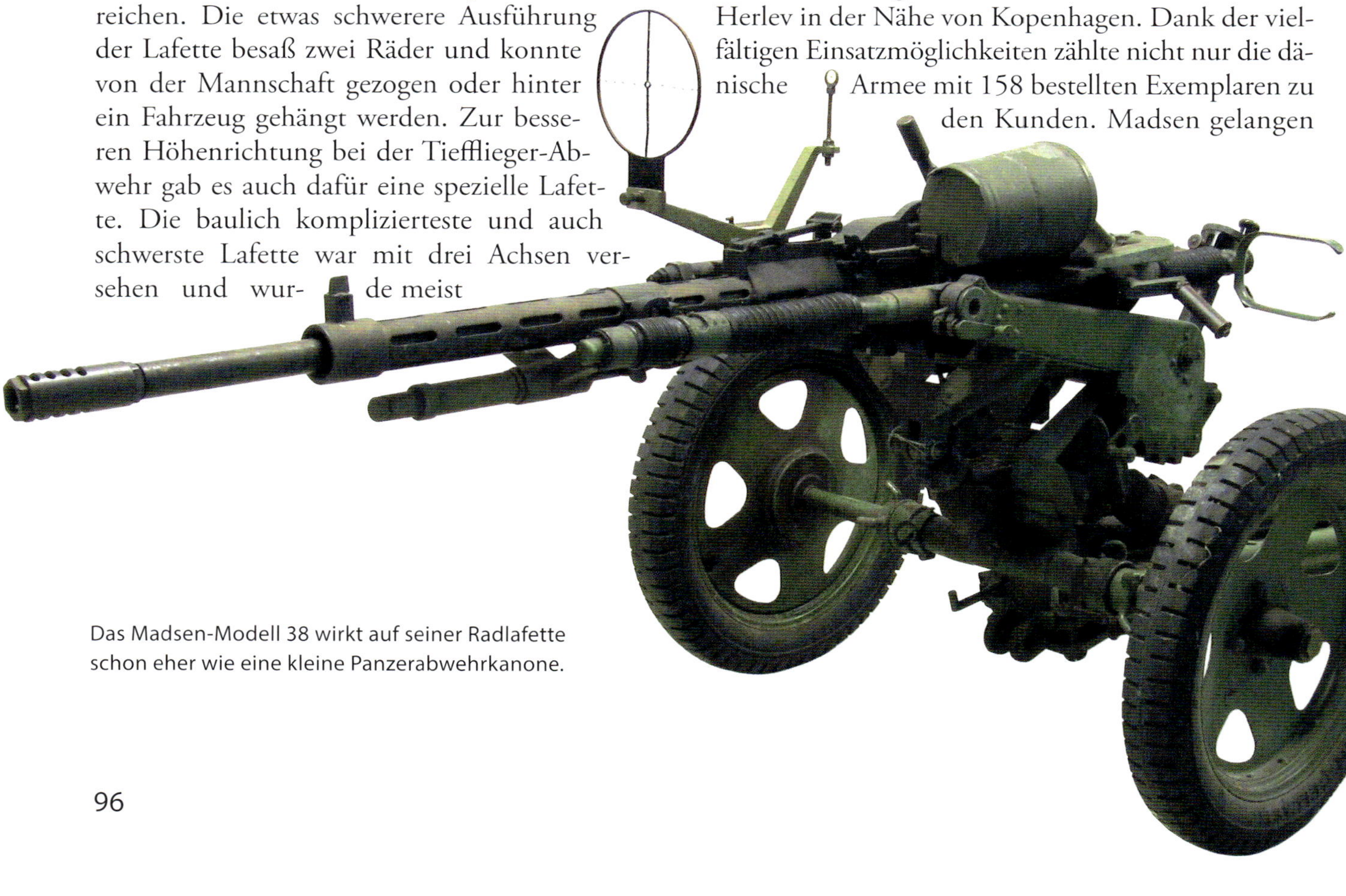

Das Madsen-Modell 38 wirkt auf seiner Radlafette schon eher wie eine kleine Panzerabwehrkanone.

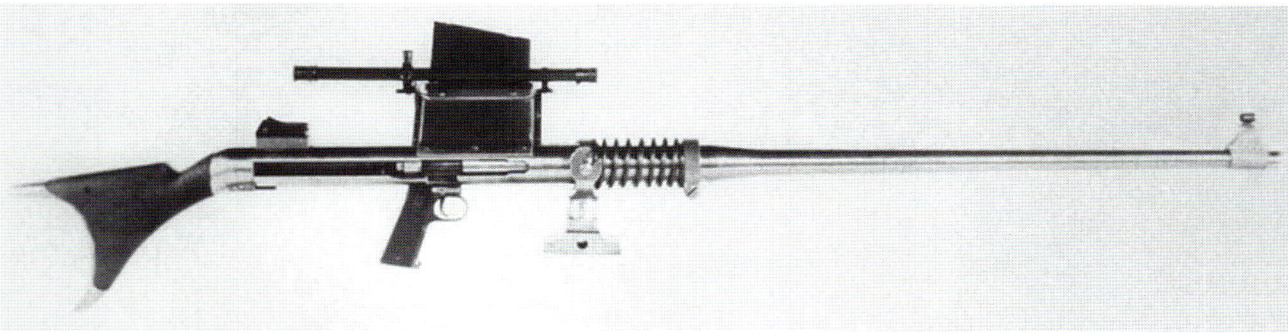

Zur Minderung des Rückstoßes wurde eine federgedämpfte Halterung erprobt. Ebenso testete man die Verwendung eines Zielfernrohrs. [APG]

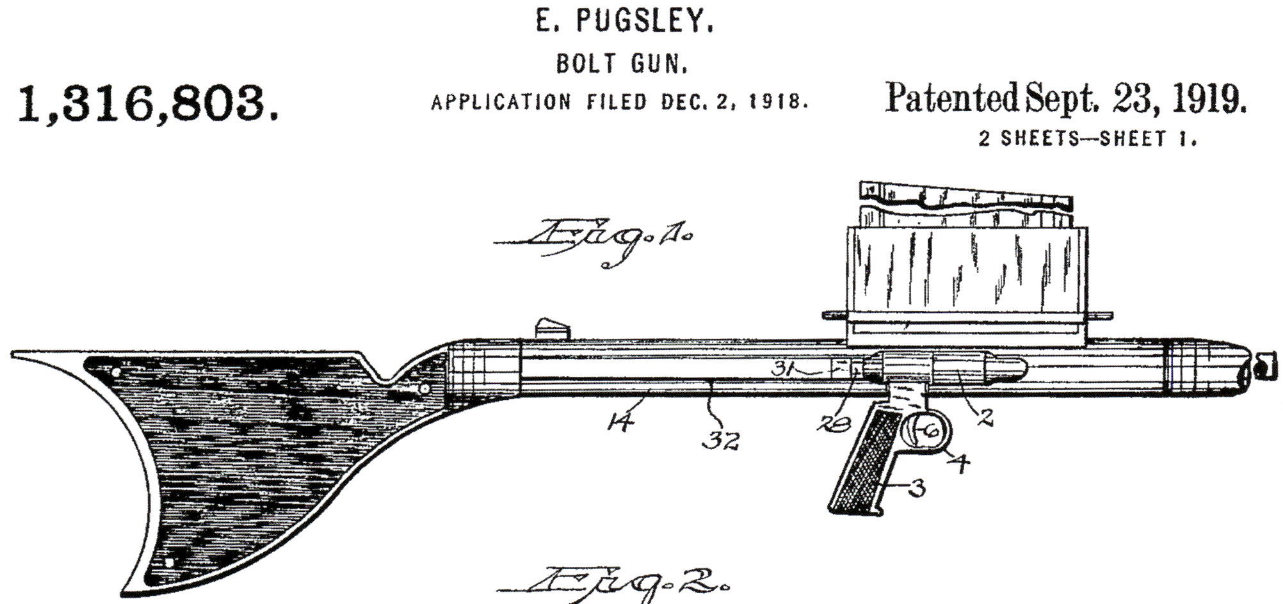

Im Dezember 1918 meldete Pugsley seine Waffe zum Patent an. Die Zeichnung verdeutlicht den mit dem Griffstück verbundenen Verschluss.

Zum Repetieren schwenkt man den Griff nach rechts und zieht ihn mitsamt dem Verschluss zurück. [Buffalo Bill Center of the West, Cody, Wyoming, USA; Cody Firearms Museum; Winchester-Pugsley anti-tank rifle; 1999.18.7]

Technische Daten:	
Kaliber:	12,7 x 99 mm (.50 BMG)
Länge:	167,3 cm
Lauflänge:	95,2 cm
Magazinkapazität:	10 Patronen

Die von Winchester entwickelte Patrone 12,7 x 99 mm ist heute vorallem unter der Bezeichnung .50 BMG (Browning Machine Gun) bekannt.

.50 M2HB

Im Jahre 1933 kaufte die US Army ein Gewehr der Firma Halger (Halbe & Gerlich) zu Erprobungszwecken. Hermann Gerlich beschäftigte sich insbesondere mit konischen Läufen und dazu passenden Flanschgeschossen. Der Lauf verjüngt sich dabei kontinuierlich bis zur Mündung, so dass das Geschoss auf seinem Weg immer stärker zusammengedrückt wird. In Kombination mit einem langsam abbrennenden Treibladungspulver lassen sich sehr hohe Mündungsgeschwindigkeiten erzielen.
Die in die USA gesandte Waffe vom Modell »Halger-Ultra« wurde in Aberdeen Proving Ground eingehend auf ihr Potential zur Panzerbekämpfung untersucht. Das 9-mm-Geschoss verließ die Mündung mit nur noch 7 mm Durchmesser und einer enormen Geschwindigkeit von über 5.000 m/s. Für einen militärischen Einsatz schien die Waffe jedoch nicht geeignet zu sein. Außerdem war die Herstellung präziser konischer Läufe sehr aufwendig und teuer. Zwischenzeitlich hatte sich jedoch auch eine andere Patrone als vielversprechende Basis für diverse Variationen erwiesen: die .50 BMG (12,7 x 99 mm).
Im November 1933 führte die US Army das Maschinengewehr .50 caliber M2 ein. Die Variante M2HB (heavy barrel) besaß einen schwereren und längeren Lauf. Mit ihr wurden in Fort Benning Versuche zur Panzerbekämpfung durchgeführt, die jedoch wenig zufriedenstellend verliefen. Für künftige Kampfhandlungen würde die Durchschlagskraft der .50 BMG nicht ausreichend sein. Anderes Treibladungspulver, veränderte Geschossformen und Hülsen brachten das Geschoss bis auf eine Mündungsgeschwindigkeit von 1.000 m/s, nur um gerade einmal 2 bis 3 mm mehr Durchschlagsleistung zu erzielen. Die Infanterie gab deshalb die Versuche auf und entschied sich stattdessen zur Entwicklung einer 37-mm-Panzerabwehrkanone.
Anders jedoch die Kavallerie und das US Marine Corps. Beide hatten die Idee einer tragbaren Panzerabwehrwaffe noch nicht begraben. Das Ordnance Department erwarb 1939 zwei S 18-100 Panzerbüchsen und 2.000 Schuss Munition von Solothurn in der Schweiz. Zufrieden war man damit allerdings nicht. Die Munition erreichte nur eine Mündungsgeschwindigkeit von 730 m/s und durchschlug nur unwesentlich mehr Panzerstahl als das M2HB. Da sich zur gleichen Zeit schon die S 18-1000 in der Entwicklung befand, kaufte das Ordnance Department auch davon ein Exemplar und stellte es im April 1940 in Aberdeen Proving Ground vor. Sowohl Infantry Board als auch Cavalry Board zeigten sich beeindruckt und ließen weitere Versuche durchführen. Dabei zeigte sich einen deutliche Überlegenheit gegenüber dem

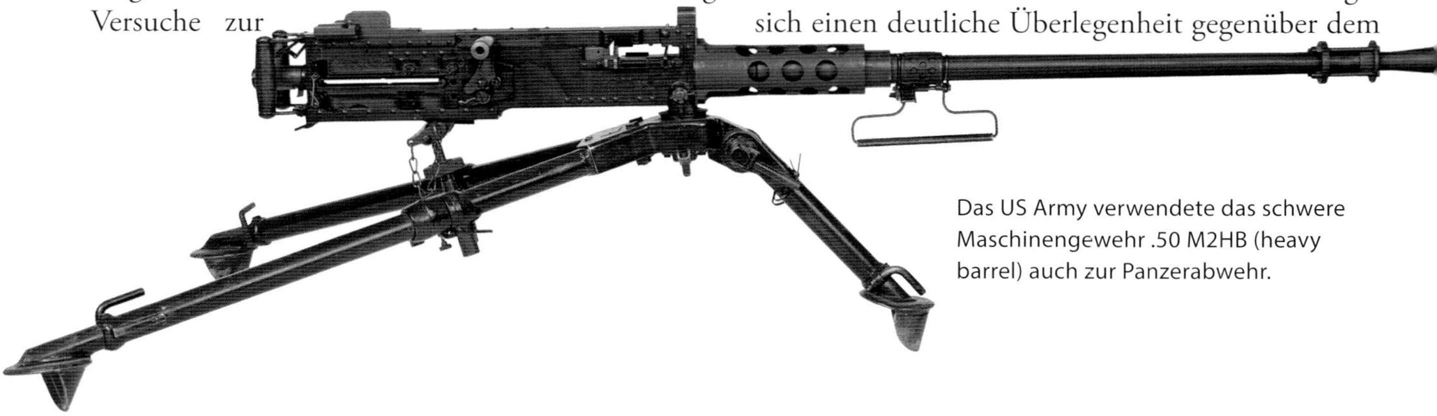

Das US Army verwendete das schwere Maschinengewehr .50 M2HB (heavy barrel) auch zur Panzerabwehr.

.50 M2HB beim Panzerbeschuss und mangels anderer Alternativen kam es so zur Einführung der Schweizer Waffe als »20mm Automatic Gun T3«. Als Zubehör kamen noch die Zielvorrichtung T16 und die Lafette T3 dazu. Genehmigt wurde zunächst eine Bestellung direkt bei Solothurn über 50 Stück mit je 1.000 Schuss Munition pro Waffe. Anschließend sollte die T3 in den USA selber unter Lizenz hergestellt werden. Der weitere Verlauf ist unklar. Vermutlich verhinderte Druck der deutschen Firma Rheinmetall auf deren Tochter Solothurn weitere Geschäfte mit den USA.
Auch wenn die Vereinigten Staaten im Zweiten Weltkrieg keine eigene Panzerbüchse herstellten, so erhielten die US Marine Raiders and Army Rangers insgesamt 771 Exemplare der in Kanada hergestellten Boys Mk I*. Eine neuartige, zukunftsweisende Waffe zur Panzerbekämpfung kam dann ab September 1942 an die Front: der M1 Antitank Rocket Launcher, besser bekannt als Bazooka.

Mit Gurtzuführung aus der 200-Schuss-Trommel war das M2 eine sehr feuerstarke Waffe und konnte trotz des schwachen Kalibers feindliche Panzerfahrzeuge beschädigen.

Ein M2 des US Marine Corps im Kampf gegen die Japaner auf der Insel Bougainville.

Erprobung des Browning .50 M2 im Vergleich zu Brownings wassergekühltem .30 M1917 A2 in Aberdeen. Viele Aufgaben in der Heimat wurden inzwischen von Frauen übernommen.

Das schwere M2HB in Aktion auf der Knob Creek Gun Range. Manche Länder erlauben es noch, Spass zu haben.

Die Solothurn S 18-1000 aus der Schweiz während ihrer Erprobung in Aberdeen Proving Ground. [APG]

Technische Daten:	
Kaliber:	12,7 x 99 mm (.50 BMG)
Länge:	165 cm
Lauflänge:	114 cm
Gewicht (ungeladen):	38,2 kg
Magazinkapazität:	Gurtzuführung

Colt T4

Im Laufe des Krieges kam noch eine weitere experimentelle Panzerbüchse in die Erprobung. Und zwar hatte das US Ordnance Department 1937 die Entwicklung einer Flugzeug-Bordwaffe im Kaliber .90 (22,8 mm) angeregt. Von den insgesamt vier eingereichten Entwürfen, die mit T1 bis T4 durchnummeriert wurden, schieden die ersten drei schon bald wegen ihrem hohen Gewicht und einer mangelhaften Funktion aus. Das Modell T4 von Colt dagegen funktionierte zufriedenstellend, aber die Feuergeschwindigkeit war für eine Bordwaffe zu niedrig. Im Jahre 1940 wurde das Projekt eingestellt und stattdessen das Browning M2 im Kaliber .50 BMG in die Flugzeuge eingebaut.

Nachdem die US-Streitkräfte zu dieser Zeit noch immer keine Panzerbüchse besaßen, nahm man das T4 für weitere Erprobungen in diese Richtung heran. Immerhin versprach die enorm starke .90-Patrone durchaus Erfolg gegen gepanzerte Fahrzeuge. Die nun »Colt Anti-Tank .90 Caliber Automatic Weapon« genannte Waffe montierte man auf ein stabiles Dreibein mit zusätzlich versteiften Beinen.

Als Zielvorrichtung erhielt sie ein Zielfernrohr mit zweifacher Vergrößerung. Das war nicht ganz ungefährlich für den Schützen, wenn man bedenkt welchen Rückstoß diese Waffe entwickelte. Laut Erprobungsbericht soll die Feuerrate bei 800 Schuss

Werksfoto der nun »Colt Anti-Tank .90 Caliber Automatic Weapon« genannten Waffe mit Patronenzufuhr per Ladestreifen.

Vom ursprünglich als Flugzeugbordwaffe konzipierten Modell T4 von Colt erhoffte man dank der starken Patrone gute Leistungen in der Panzerbekämpfung.

pro Minute gelegen haben. Die Patronenzufuhr erfolgte entweder aus einem Gurt oder mittels seitlich einsteckbarer 10-Schuss-Ladestreifen. Je nach Einsatzzweck konnte die Zuführung von rechts oder links erfolgen.

Vom 14. bis 20. März 1941 trat das Colt T4 in Aberdeen Proving Ground im Vergleich gegen die Solothurn S 18-1000 (20mm automatic gun T3) an. Insgesamt war die Schussleistung des T4 besser, aber erkauft wurde sie mit einem hohen Gewicht von 77 kg (ohne Lafette). Das Ordnance Department schlug deshalb die Entwicklung einer einachsigen Radlafette vor.

In diesem Stadium endete die Entwicklung, ohne dass eine offizielle Anweisung zur Einstellung des Projekts erging.

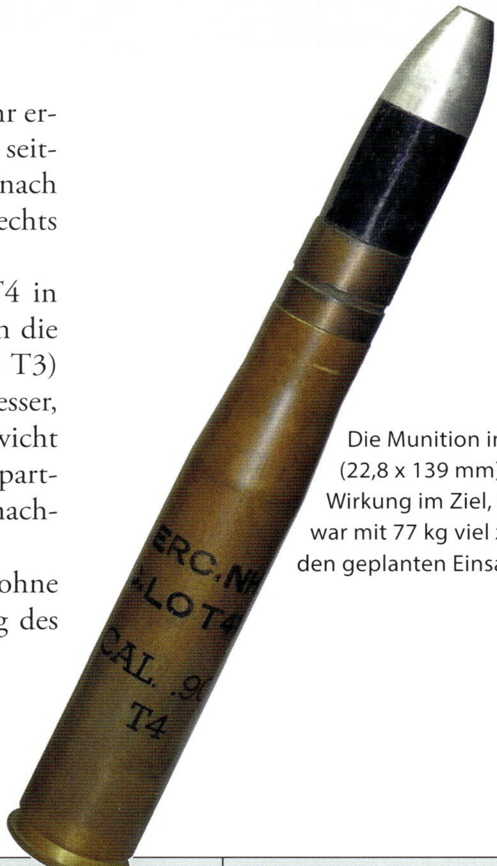

Die Munition im Kaliber .90 (22,8 x 139 mm) hatte eine gute Wirkung im Ziel, aber die Waffe war mit 77 kg viel zu schwer für den geplanten Einsatzzweck.

Technische Daten:	
Kaliber:	22,8 x 139 mm
Gewicht (ungeladen):	106 kg
Magazinkapazität:	10 Patronen auf Ladestreifen

T1

Noch vor Ausbruch des Zweiten Weltkriegs experimentierte die US Army mit Patronen im Kaliber .60 (15,2 mm). Etwa 1939 entstand mit der »Armor-Piercing T17« auch eine Variante zur Panzerbekämpfung. Ihr Geschoss mit einem Gewicht von 76,5 Gramm erreichte eine Mündungsgeschwindigkeit von 1.100 m/s und durchschlug bis zu 32 mm Panzerstahl auf 450 Meter. Bei der Variante mit Leuchtspur-Zusatz konnte der Schützen zudem die Flugbahn beobachtet und nötigenfalls korrigieren.

Zum damaligen Zeitpunkt waren das gute Werte für solch eine Patrone. Was aber fehlte, war eine passende Waffe dazu. Die Entwicklungsarbeiten zogen sich dahin und erst am 30. Oktober 1942 stand ein Prototyp mit der Bezeichnung »Anti-Tank Rifle T1« für erste Beschussversuche zur Verfügung. Bis dahin hatte aber der internationale Fortschritt im Panzerbau die Waffe längst überholt. Aberdeen Proving Ground führte ein paar Untersuchungen durch und ließ noch ein paar konstruktive Verbesserungen durchführen. So entstand das Modell T1E1 (E = experimental). Anschließend übergab man die Waffe an die Infanterieschule in Fort Benning um den praktischen Gebrauch zu testen.

Die Soldaten zeigten sich nicht sehr begeistert. Das T1E1 stand in Feuerstellung auf einem stabilen Dreibein und bei einem Gesamtgewicht von 106 kg war ein Stellungswechsel, womöglich noch unter feindlichem Feuer, eine absolute Schwerstarbeit. Für die Bedienung hatte man zwei Mann vorgesehen. Für den Transport der Waffe in teilzerlegtem Zustand, das Zubehör und die Munition waren mindestens fünf starke Männer nötig.

Die Waffe funktionierte als halbautomatischer Gasdrucklader. Sehr ungewöhnlich ist die Art der Patronenzuführung, nämlich mittels 8-Schuss-Ladestreifen von rechts. So etwas kennt man vor allem

Ein Prototyp T1E1 (E = experimental) während der Eprobung in Fort Benning.

Die Art der Patronenzuführung war damals bereits veraltet. Im Gegensatz zu Magazinen sind Ladestreifen viel schmutzanfälliger und benötigen zum Transport ein Behältnis.

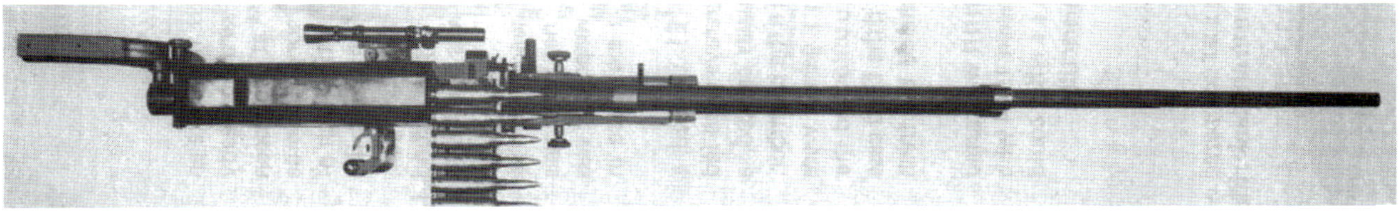

Der Blick von oben zeigt die seitlich versetzte Visierlinie und den angesetzten Ladestreifen. Er wandert beim Schießen über die Waffe und fällt dann zu Boden.

von den veralteten Hotchkiss-Maschinengewehren. Der Ladestreifen wird dabei seitlich in die Zuführung gesteckt und beim Schießen über die Waffe transportiert, bis er auf der anderen Seite leer zu Boden fällt.
Angesichts der nicht mehr zeitgemäßen Durchschlagsleistung wanderte die Waffe ins Depot. Im Februar 1943 beschloss das US Ordnance Department die Einstellung aller Arbeiten an diesem Projekt. Nur für einen anderen Vergleichstest wurde die T1E1 im Juni 1944 nochmals herausgeholt und geschossen.

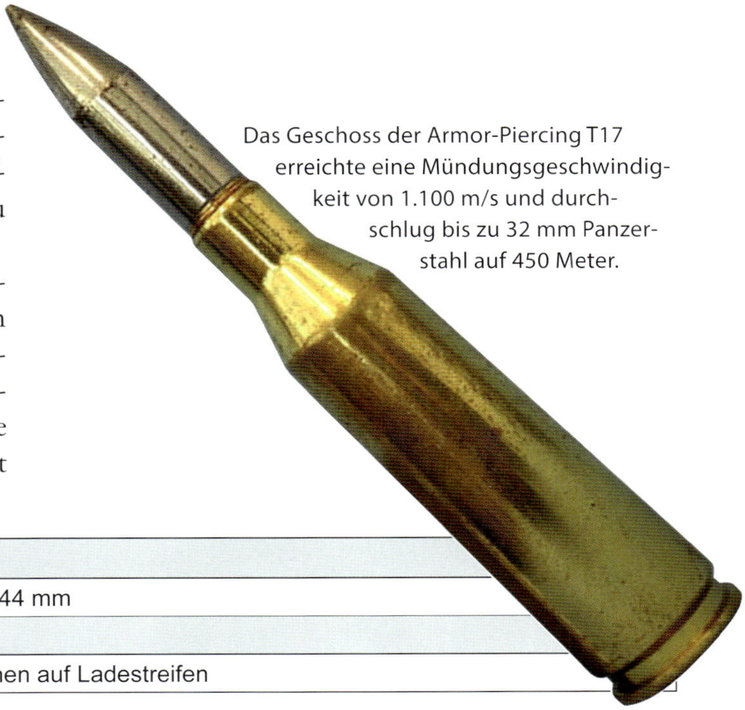

Das Geschoss der Armor-Piercing T17 erreichte eine Mündungsgeschwindigkeit von 1.100 m/s und durchschlug bis zu 32 mm Panzerstahl auf 450 Meter.

Technische Daten:	
Kaliber:	15,2 x 144 mm
Gewicht (ungeladen):	106 kg
Magazinkapazität:	8 Patronen auf Ladestreifen

Japan

Typ 97

Im Streben nach einer effektiven Panzerabwehrwaffe wollten auch die Japaner nicht zurückbleiben. Deshalb wurde dort im Jahre 1935 ein Entwicklungsprogramm unter der Leitung von Dr. Masaya Kawamura ins Leben gerufen, welches bereits zwei Jahre später zur Einführung der »Typ 97 Automatischen Kanone« (九七式自動砲 / Kyūnana-shiki jidōhō) führte – einem Monstrum im Kaliber 20 x 124 mm mit über 68 kg.

Die Waffe war konzipiert als zuschießender Gasdrucklader mit halbautomatischer Funktion. Fast wie bei einem Geschütz bewegt sich das komplette Obergehäuse mitsamt dem Lauf bei jedem Schuss vor und zurück. Diese Masse sollte den heftigen Rückstoß erträglicher machen. Zusätzlich erhielt der Lauf eine Mündungsbremse und die Waffe einen rückwärtsgerichteten Erdsporn. Im Gegensatz zu manch anderen schweren Waffen gab es für diese Panzerabwehrwaffe keine Radlafette. Die Bedienmannschaft musste die Waffe von Hand schleppen. Zur besseren Verteilung des Gewichts auf vier oder mehr Träger gab es zwei stabile U-förmige Tragegriffe, die jeweils vorne und hinten an der Gehäuseunterseite eingesteckt werden konnten. Im Gefecht waren diese Griffe natürlich sehr hinderlich und die Mobilität der Waffe ziemlich eingeschränkt.

Zum Stellungswechsel unter Feindfeuer blieb den Soldaten oft nichts anderes übrig, als die Waffe mit angeklapptem Zweibein über den Boden zu ziehen. Für längere Transporte wurde die Waffe oft in mehrere Teile zerlegt.

In der Feuerstellung wurden zuerst das Zweibein und der Erdsporn abgeklappt. Dann, sofern vorhanden, das 8 mm dicke Schutzschild angesteckt. Die obere Öffnung für das Magazin und die untere für den Hülsenauswurf waren durch aufklappbare Staubschutzdeckel geschützt. Das Spannen der Waffe erfolgte über den linksseitig angebrachten Spanngriff. Das hört sich einfach an, forderte aber die ganze Kraft des Schützen und den Einsatz beider Hände um den Widerstand der Schließfedern zu überwinden. Neben der Sicherung zum Blockieren des Abzugs verfügt die Waffe auch noch über eine zusätzliche Verschlusssicherung. Durch Umlegen eines Hebels läßt sich der Abzugsstollen blockieren, sofern sich der Verschluss in seiner hinteren Stellung befindet.

Nun konnte das Magazin eingeführt werden und die Waffe war schussbereit. Das

Japans Typ 97 war ein Monstrum mit über 68 kg.

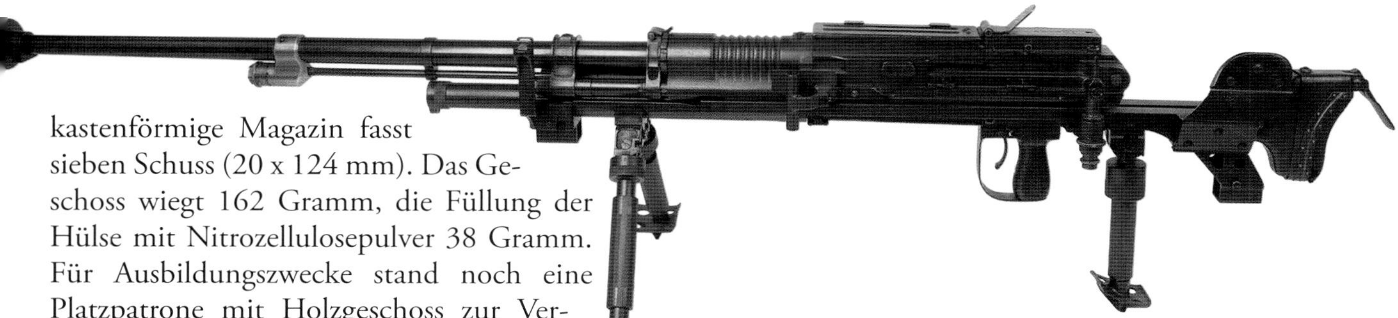

kastenförmige Magazin fasst sieben Schuss (20 x 124 mm). Das Geschoss wiegt 162 Gramm, die Füllung der Hülse mit Nitrozellulosepulver 38 Gramm. Für Ausbildungszwecke stand noch eine Platzpatrone mit Holzgeschoss zur Verfügung. Bei leerem Magazin betätigt der Zubringer einen Verschlussfanghebel, so dass das Magazin rasch gewechselt und weitergeschossen werden kann. Über ein kleines Guckloch im Magazinrücken sieht der Schützen ob noch mindestens eine Patrone vorhanden ist.

Nach dem Laden begann das Warten auf ein lohnendes Ziel. Der Schütze blickte dabei durch eine in der Höhe und Seite verstellbare Lochkimme auf ein massives Korn mit Schutzbacken. Die Kimme hingegen war weniger gut geschützt und konnte leichter beschädigt werden. Dank des Augenabstands zum Visier war das Tragen eines Helms problemlos möglich.

Das Verfolgen eines sich bewegenden Ziels gestaltete sich schwierig. Der Schütze musste dazu die Waffe mit seiner Schulter hinten soweit anheben, dass der Erdsporn vom Boden freikam und sie dann schwenken. Im Eifer des Gefechts durfte er nicht vergessen, die Waffe vor dem Schuss unbedingt wieder abzusenken. Denn ein Schießen ohne verankerten Erdsporn war wegen des Rückstoßes nicht ratsam. Ebenso umständlich war die Höhenverstellung, die über eine große geriffelte Mutter am Erdsporn erfolgte: Waffe anheben, Erdspornhöhe verstellen, Waffe absenken, Ziel anvisieren. Und das beispielsweise bei einem schräg auf die Stellung zufahrenden Feindpanzer. Das

Schutzschild wurde im Einsatz nicht gerne verwendet. Die Sichtöffnung reichte zwar zum Zielen, aber was sich von den Seiten her näherte, das sah der Schütze je nach Blickwinkel erst sehr spät – oder gar nicht.

Laut Vorschrift sollten ein, besser zwei, Soldaten die beiden Beine des Zweibeins während des Schießens festhalten. Es war sicherlich keine beliebte Aufgabe, vor dem Schutzschild und seitlich hinter der Mündungsbremse zu knien oder zu liegen.

Der hintere Erdsporn erschwerte das seitliche Schwenken auf sich bewegende Ziele.

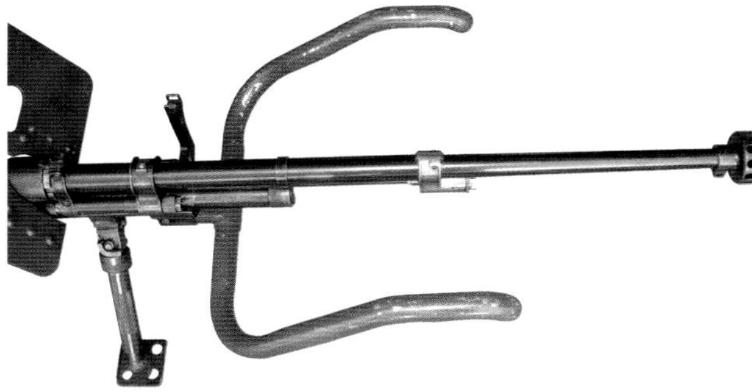

Vorne und hinten ansteckbare Tragegriffe erleichterten den Transport der schweren Waffe im Gelände.

Nach dem Betätigen des Abzugs schnellt der Verschluss unter dem Druck der beiden Schließfedern nach vorne. Er nimmt dabei eine Patrone aus dem Magazin und schiebt sie ins Patronenlager. In der vordersten Position greift ein Verriegelungsstück am Verschlussträger in eine Ausnehmung im Gehäuse. Erst nach dieser Verriegelung trifft der Schlagbolzen auf das Zündhütchen der Patrone. Während sich nun das Geschoss mit ca. 860 m/s durch den Lauf bewegt, wird ein Teil des Gasdrucks in zwei Gasröhren unterhalb des Laufes abgeleitet. Der Gasdruck trifft in den Röhren auf die beiden Stangen des Verschlussträgers und schiebt diesen wieder zurück. Die leere Patronenhülse wird vom Auswerfer, der oben im Gehäuse eingebaut ist, durch die Hülsenauswurföffnung im Boden hinausgestoßen. Der Verschluss wird in seiner hintersten Position wieder vom Abzugsstollen gefangen. Während des Schussvorgangs bewegt sich das Obergehäuse mitsamt Lauf vor und wieder zurück. Es wird da-

Der Spanngriff wirkt direkt auf den Verschluss, ohne Umlenkung oder sonstige Erleichterung für den Schützen. Meisten mussten zum Spannen beide Hände verwendet werden.

Über das gezackte Rädchen lässt sich der Vorholer nach Bedarf verstellen.

bei von einem im unteren Gehäuseteil eingebauten Vorholer abgebremst.

Die in zeitgenössischen US-Berichten über Beutewaffen erwähnte Vollautomatik hat es nicht gegeben. Sie beruhte auf einem Problem mit der Munition: Oftmals bewegte sich der Verschluss nicht weit genug zurück, um wieder vom Abzugsstollen gefangen zu werden. Dann schoss die Waffe unter Umständen so lange weiter, bis das Magazin leer war. Bereits bei der Vorführung eines Prototyps durch Dr. Kawamura kam es deswegen zu einem Zwischenfall. Generalmajor Giichi Dogane, Leiter der 2. Fabrik des Kokura Arsenals, verschoss ein paar einzelne Patronen und lud dann ein volles Magazin. Nach dem Abdrücken hörte die Waffe nicht mehr auf zu schießen, kippte um und drehte sich seitwärts weiter. Der letzte Schuss ging fast in die entgegengesetzte Richtung. Glücklicherweise wurde damals niemand verletzt. Obwohl das Problem also frühzeitig erkannt war, konnte es bis zur Einstellung der Produktion nicht zufriedenstellend gelöst werden.

Die Fertigung der Kanone Typ 97 begann Anfang 1938 im Kokura Arsenal. Ein Jahr später erlebte sie ihre Feuertaufe in der Schlacht am Chalchin Gol während des japanisch-sowjetischen Grenzkonflikts. Japan hatte damals erfolglos versucht, die Grenzen des Mandschukuo-Staates weiter in Richtung Norden zu verschieben. Die Waffe enttäuschte japanischen Quellen zufolge im Einsatz und konnte selbst gegen die leichten Panzer der BT-Serie mit bis zu 22 mm Panzerung nur wenig ausrichten. Das widerspricht allerdings den US-Erprobungsberichten über Beutewaffen, die eine Durchschlagsleistung von immerhin 30 mm Panzerstahl auf 250 m Entfernung angeben. Dass die Waffe nicht sehr erfolgreich war, zeigt sich aber auch an der Einstellung der Fertigung bereits im Jahre 1941 nach nur 1.100 Stück.

Überraschenderweise kam es später im Krieg nochmals zu einer Kleinserienfertigung bei der Firma Kabushiki Kaisha Nihon Seikōsho (Japan Steel

Für Ausbildungszwecke gab es eine Platzpatrone mit Holzgeschoss. Rechts daneben die panzerbrechende Gefechtspatrone mit Leuchtspursatz.

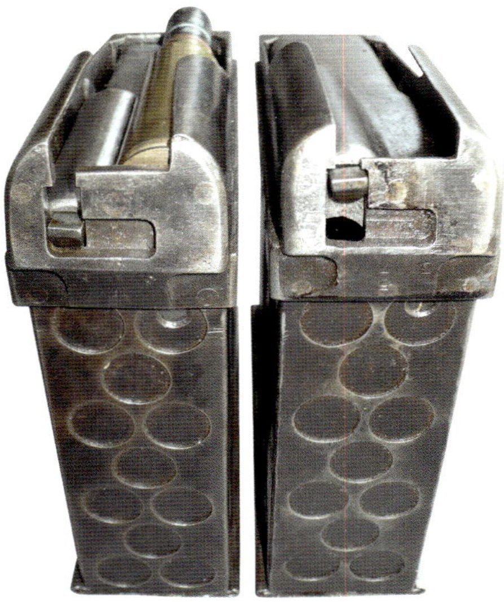

Im Magazinrücken befindet sich ein kleines Sichtfenster zur Füllstandskontrolle. Nach Verschuss der letzten Patrone aktiviert der Stift am Zubringer den Verschlussfanghebel.

Verschluss mit Verschlussträger in entriegelter Position. Hinten am Verschluss ist der Schlagbolzen zu erkennen.

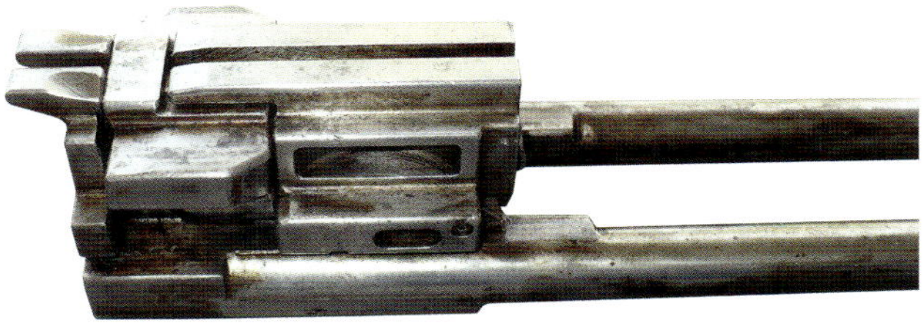

Verschluss mit Verschlussträger in verriegelter Position. Das Verriegelungsstück wird dabei nach oben gedrückt und greift in eine Ausnehmung im Gehäuse ein.

Works) in Muroran. Das Rüstungsunternehmen wurde vor allem bekannt durch die Fertigung der weltgrößten Geschützrohre für das japanische Schlachtschiff Yamato. Mitte 1943 richtete die Firma mit entsprechend großem Aufwand eine Serienfertigung ein, welche dann aber nach nur etwa 100 Stück wieder gestoppt wurde.

Trotz der schwachen Leistung blieb der Typ 97 bis zum Kriegsende im Einsatz. Hauptsächlich stationär in befestigten Stellungen. Gegen Panzer wie den M4 Sherman konnte die Waffe nur wenig ausrichten. Da halfen oft nur Treffer auf empfindliche Stellen wie Optiken oder Sehschlitze. Das Zerstören der Kette machte einen Panzer zumindest manövrierunfähig und Panzernahbekämpfer konnten ihn leichter erledigen. Die Japaner setzten hierfür auch Selbstmordkommandos ein, die den Feindpanzer und sich selbst sprengten.

Aufgrund des Gewichts und den großen Abmessungen haben nur sehr wenige Exemplare des Typs 97 bis heute überlebt. Für die amerikanischen Beutewaffen-Souvenirjäger war es schlicht unmöglich, solch ein Teil nach Hause zu bringen. Da griff man dann doch lieber auf Gewehre, Pistolen und anderen hübschen »Kleinkram« zurück.

Das seitliche Sichtfeld des Schützen wurde durch das 8 mm starke Schutzschild stark eingeschränkt.

Japanische Soldaten in der Ausbildung. Man beachte die Tragegriffe.

Im japanisch-sowjetischen Grenzkonflikt fielen den Russen zahlreiche japanische Waffen in die Hände. Die Panzerbüchse konnte gegen die feindlichen Panzer nur wenig ausrichten.

Technische Daten:	
Kaliber:	20 x 124 mm
Länge:	210 cm
Lauflänge:	106 cm
Gewicht mit Schild:	68,1 kg
Magazinkapazität:	7 Patronen

Anti-Material-Rifles

Ein US Marine justiert ein schweres Maschinengewehr M2 mit Zielfernrohr. Die Aufnahme entstand 1968 in Khe Sanh (Vietnam). Mit solchen Waffen ging man auf die Jagd nach Scharfschützen und weiter entfernten Zielen.

Im Verlauf des Zweiten Weltkriegs zeichnete sich schon bald ab, dass die Panzerbüchsen mit Patronenmunition am Ende ihrer Entwicklungsmöglichkeiten angekommen waren. Selbst die stärksten Modelle mit der höchsten Durchschlagsleistung konnten bei den gestiegenen Panzerstärken der modernen Kampfpanzer nicht mehr viel ausrichten. Lediglich Treffer auf die Ketten oder auf empfindliche Teile führten mit etwas Glück zum Ausfall des Fahrzeugs. Für eine nachhaltige »Zerstörung« brauchte es schon eine Panzerabwehrkanone. Erst mit Einführung der rückstoßfreien Panzerabwehrhandwaffen wie Panzerfaust oder Bazooka standen der Infanterie wieder geeignete Waffen zur Verfügung.

Folgerichtig konzentrierte sich die Entwicklung von nun an auf diese raketengetriebenen Abwehrwaffen. Überschwere Maschinengewehre und -kanonen konnten zumindest durch ihre hohe Schussfolge noch bedingt etwas gegen Panzer ausrichten. Aber die nach dem Krieg noch vorhandenen klassischen Panzerbüchsen wurden aus dem aktiven Dienst entfernt, eingelagert oder verschrottet.

Entgegen mancher Erwartung wurde die Welt nach Ende des Zweiten Weltkriegs nicht friedlicher. Alleine bis 1992 zählte die Arbeitsgemeinschaft Kriegsursachenforschung 184 Kriege. Bereits in Vietnam spürten die Amerikaner das Fehlen einer Waffe zur Bekämpfung leicht gepanzerter Fahrzeuge, gegnerischer Kräfte hinter Deckungen oder auch versteckten Scharfschützen. Der Einsatz einer Panzerfaust war dafür unverhältnismäßig, zumal der Vorrat oft mühsam im Dschungel mitgetragen werden musste. In diesem Zusammenhang erinnerte man sich doch wieder an die Panzerbüchsen aus vergangenen Zeiten. Vor allem die Rote Armee hatte damit in der Verwendung als Scharfschützenwaffe bzw. weitreichendes Gewehr den deutschen Truppen zu schaffen gemacht. Dies gab in den 1980er-Jahren Anlass zur Entwicklung von schweren Scharfschützengewehren, die eine größere Reichweite und Durchschlagskraft besaßen und somit auch zur Bekämpfung gegnerischer Scharfschützen auf weite Entfernungen und hinter Deckungen brauchbar waren.

Im internationalen Sprachgebrauch bezeichnet man heute eine solche Waffe als »Anti-Material-Rifle«. Ein entsprechender deutscher Begriff existiert nicht. Die Bundeswehr beispielsweise bezeichnet ihr Gewehr G82 als »Gewehr großer Reichweite«.

Im Laufe der Zeit führten viele Armeen solche Waffen ein. Manche sind nur Einzellader, andere wiederum funktionieren halb- oder gar vollautomatisch mit Magazinzuführung. Allen gemein ist eine effektive Mündungsbremse um den Rückstoß erträglich zu machen. Einige Modelle entstanden in Bullpup-Bauweise, also mit dem Magazin hinter dem Griffstück. Das spart einiges an Länge.

Bei aller technischen Raffinesse darf aber nicht vergessen werden, dass viele Konflikte in ärmeren und weniger weit entwickelten Regionen der Welt ausgetragen werden. Manche Konfliktparteien kämpfen oft nur mit Beutewaffen und selbstgebautem Gerät. So ist es kein Wunder, dass etwa die robusten russischen Panzerbüchsen PTRD und PTRS auch nach 75 Jahren noch an diversen Kampfhandlungen teilnehmen oder sich die kurdischen Kämpfer aus verfügbarem Material eigene Anti-Material-Rifles in eben diesem weit verbreiteten Kaliber bauen.

Nachfolgend ein Überblick über die wichtigsten Anti-Material-Rifles.

USA: Barrett M82A1

Eine der ersten derartigen Waffen war das Barrett M82 der Firma Barrett Firearms Manufacturing aus Tennessee. 1982 entstand der Prototyp im Kaliber .50 BMG (12,7 x 99 mm) mit Blick auf den zivilen Markt. Die Waffe funktioniert als halbautomatischer Rückstoßlader mit kurz zurückgleitendem Lauf und starrer Verriegelung über einen Drehkopfverschluss mit drei Verriegelungswarzen.

Das Barrett M107 war eines der ersten neu entwickelten Anti-Material-Rifles nach dem Zweiten Weltkrieg.

Das Magazin fasst zehn Patronen und macht das halbautomatische M107 zu einer feuerstarken Waffe.

Nachdem überraschenderweise die schwedische Armee Interesse zeigte und 1989 immerhin 100 Stück kaufte, wurden auch andere Militärs auf das M82 aufmerksam. Die US-Streitkräfte führten es als »Long Range Sniper Rifle, Caliber .50, M107« ein. Über 30 Staaten zählen bislang zu Barretts Kunden, darunter auch die Bundeswehr. Sie führt die Waffe als Gewehr G82.

Marines des 1st Light Armored Reconnaissance Battalion beim Übungsschießen mit dem M107. [U.S. Marine Corps]

Je nach Untergrund wirbeln die von der Mündungsbremse umgeleiteten Gase viel Dreck auf. [U.S. Marine Corps]

Technische Daten:	
Kaliber:	12,7 x 99 mm (.50 BMG)
Länge:	1.448 cm
Lauflänge:	73,7 cm
Gewicht (ungeladen):	12,9 kg
Magazinkapazität:	10 Patronen

Auf der Picatinny-Schiene lassen sich diverse Optiken und Zielhilfen montieren.

Südafrika: Denel NTW-20

Der in Südafrika lebende Waffenkonstrukteur Anthony Stavros Neophytou mit zypriotischen Wurzeln entwickelte 1995 ein Scharfschützengewehr für die weiten Ebenen der afrikanischen Landschaft. Von der ersten Zeichnung bis zum Probeschießen des Prototyps vergingen nur viereinhalb Monate. Um den Aufwand zu verringern, verwendete er Lauf und Verschluss der automatischen Kanone Vektor GA1, die in den südafrikanischen Streitkräften als Hubschrauber-Bordwaffe Dienst tat.

Die Firma Denel Land Systems erwarb 1998 alle Rechte an der Konstruktion und fertigt seitdem die Waffe unter der Bezeichnung NTW-20. Sie ist in zwei Kalibern, 20 mm und 14,5 mm, erhältlich und kann durch einfachen Austausch von Lauf, Verschluss, Magazin und Zielfernrohr, der unter Feldbedingungen etwa eine Minute dauert, leicht von einem Kaliber auf ein anderes umgerüstet werden. Für das größere Kaliber stehen Brand-, Splitter- und Explosivgeschosse zur Verfügung, während das kleinere Kaliber eine bessere Durchschlagsleistung auf große Entfernungen bietet.

Das Gewehr wurde 1998 bei der South African National Defence Force (SANDF) in Dienst gestellt.

DENEL

Anthony Stavros Neophytou mit seiner erfolgreichen Konstruktion.

Beim NTW-20 lässt sich durch einfachen Austausch von Lauf und Verschluss zwischen den Kalibern 14,5 mm und 20 mm wechseln. [Denel Land Systems / Denel Group]

Der praktische Bügel im Schwerpunkt der Waffe dient als Tragegriff und schützt zugleich die Optik.

Abbildung der NTW-20 in einem Prospekt von Denel Land Systems für den internationalen Markt. [Denel Land Systems / Denel Group]

Ein Soldat der South African National Defence Force übt mit der NTW-20. [SANDF]

Technische Daten:		
Kaliber:	20 x 110 mm	14,5 x 114 mm
Länge:	179 cm	201 cm
Lauflänge:	100 cm	122 cm
Gewicht (ungeladen):	26 kg	29 kg
Magazinkapazität:	3 Patronen	3 Patronen

Ungarn: Gepárd und Hiúz

In Europa suchte Ende der 1980er-Jahre die ungarische Armee nach einer auf große Entfernungen wirksamen Präzisionswaffe. Unter der Leitung von Major Ferenc Földi entstand daraufhin die Waffenfamilie Gepárd (deutsch: Gepard). Die ersten Ausführungen als Einzellader im Kaliber 12,7 x 108 mm waren umständlich zu bedienen. Der ursprüngliche Gedanke, nämlich die Schaffung einer Scharfschützenwaffe, liess den Vorgang des Nachladens in den Hintergrund treten. Eine schnelle Schussfolge war zweitrangig. Dafür traf die Waffe problemlos einen 25-Zentimeter-Kreis auf 1.300 Meter.

In den Folgejahren ging die Version M2 in Produktion. Diese war nun halbautomatisch, kürzer und leichter, und konnte sogar aus der Hüfte geschossen werden. Darauf folgte die Version M3 im noch stärkeren Kaliber 14,5 x 114 mm für mehr Durchschlagsleistung und auch Varianten für den zivilen Markt. Die Fertigung lief lange Zeit bei Vízgépészeti Vállalat, bevor sie vor wenigen Jahren an die Firma Báthory-Épszolg Kft übergeben wurde.

Die Gepárd-Modelle haben sich im militärischen Einsatz sehr gut bewährt, so dass sie auch heute noch im aktiven Einsatz stehen, so unter anderem in Kanada, Indien und in der Türkei.

Weitere Verbesserungen und eine Änderung der Konstruktion in eine Bullpup-Ausführung, also mit dem Magazinschacht hinter dem Abzug, führte zum Modell M6 Hiúz (deutsch: Luchs). Durch einfachen Austausch von Lauf und Verschluss lässt sich zwischen 12,7 x 108 mm und 12,7 x 99 mm (.50 BMG) wechseln Als weitere Besonderheit kann für den Transport der Lauf ein Stück weit in das Gehäuse hineingeschoben werden um die Waffe zu verkürzen. International wird dieses Modell als Lynx GM6 vertrieben.

Das Schussfoto zeigt deutlich den langen Rohrrücklauf im Moment kurz bevor die leere Hülse ausgeworfen wird. [Hungarian Defence Forces]

Aus dem ursprünglichen Einzellader Gepárd entstand im Laufe der Jahre eine ganze Waffenfamilie.

Das Lynx GM6 lässt sich einfach zerlegen und durch Tausch von Lauf und Verschluss für die Kaliber 12,7 x 108 mm oder 12,7 x 99 mm (.50 BMG) umbauen.

Das derzeit aktuellste Modell ist das Lynx GM6 in Bullpup-Ausführung.

Ein Soldat der ungarischen Armee während einer Übung mit der frühen Gepárd.

Manche Gepárd erhielten einen hölzernen Vorderschaft und ein verbessertes Zweibein.

Technische Daten:	Gepárd	Hiúz (Lynx)
Kaliber M1 – M5:	12,7 x 108 mm	
Kaliber M3:	14,5 x 114 mm	
Kaliber M6:		12,7 x 108 mm, 12,7 x 99 mm (.50 BMG)
Länge:	157 cm	113 cm
Lauflänge:	110 cm	73 cm
Gewicht (ungeladen):	17,5 kg	11,5 kg
Magazinkapazität M1:	Einzellader	
Magazinkapazität M2 – M6:	5 Patronen	5 Patronen

Kroatien: RT-20

Als nach der Unabhängigkeitserklärung Kroatiens am 25. Juni 1991 ein Bürgerkrieg zwischen kroatischen Regierungstruppen und der Jugoslawischen Volksarmee (JNA) sowie paramilitärischen Serbenverbänden entbrannte, verhängte die internationale Staatengemeinschaft über das gesamte ehemalige Jugoslawien ein Waffenembargo. In dieser schweren Zeit entwickelte die Firma Metallic in Rijeka eine Scharfschützenwaffe mit hoher Reichweite, welche dann vom staatlichen Rüstungsunternehmen RH Alan in Zagreb hergestellt wurde und von der Nachfolgefirma Agencija Alan bis heute vertrieben wird.

Ursprünglich wollte man damit hauptsächlich die Wärmebildkameras der gegnerischen Kampfpanzer T-72 und M-84 aus sicherer Entfernung zerstören. Die Bezeichnung RT-20 steht für Ručni Top 20 mm (Handkanone 20 mm). Mit der Patrone im Kaliber 20 x 110 mm und einer Mündungsenergie von 46.000 Joule zählt die RT-20 zu den stärksten Anti-Material-Rifles weltweit. Aus diesem Grund verfügt die Waffe auch über eine Besonderheit: Zur Kompensation des Rückstoßes ist über dem Lauf ein zweites Rohr angebracht, welches einen Teil des Gasdrucks über eine Düse nach hinten entweichen lässt. Die Waffe ist deshalb sehr angenehm zu schießen. Allerdings muss der Schütze immer auf genügend freien Raum hinter sich achten und die Gase wirbeln durchaus verräterischen Dreck auf.

Im Kampfeinsatz hatte sich das RT-20 zwar bewährt, aber Exporte in andere Länder gelangen nur in ganz geringer Stückzahl.

AGENCIJA ALAN

Mit ihren 17 kg Gewicht ist das RT-20 kein Leichtgewicht, aber trotzdem noch von einem Mann tragbar.

Bedingt durch das Waffenembargo während des Unabhängigkeitskrieges entwickelte Kroatien das fast rückstoßfreie RT-20.

Ein Teil des Gasdrucks entweicht über eine Düse nach hinten und mindert so erheblich den Rückstoß.

Abb. unten: Agencija Alan bietet die Waffe heute auf dem internationalen Markt an, aber die Nachfrage ist sehr gering.

Technische Daten:	
Kaliber:	20 x 110 mm
Länge:	133 cm
Lauflänge:	92 cm
Gewicht (ungeladen):	17 kg
Magazinkapazität:	Einzellader

Österreich: Steyr IWS 2000 und HS .50

Mitte der 1980er-Jahre begann man sich bei der österreichische Steyr Mannlicher GmbH mit der Entwicklung einer weitreichenden und durchschlagsstarken Langwaffe für die Infanterie zu beschäftigen. Ziele sollten leicht gepanzerte Fahrzeuge, aber auch tieffliegende Hubschrauber oder Radaranlagen und andere technische Einrichtungen sein. Um die geforderte Reichweite von mindstens 1.000 Metern zu erreichen, experimentierten die Ingenieure mit verschiedenen Kalibern und Munitionsarten. Anfangs noch 12,7 mm, dann 14,5 mm und schlussendlich 15,2 mm.

Das Besondere an der Munition waren die Geschosse: Da drallstabilisierten Geschossen hinsichtlich ihrer Mündungsgeschwindigkeit und Länge und somit auch in der Durchschlagskraft Grenzen gesetzt sind, verwendete man panzerbrechende, flügelstabilisierte Treibkäfiggeschosse, sogenannte APFSDS (Armor Piercing Fin-Stabilized Discarding Sabot). Bei ihnen wird ein dünner, spitzer, schwerer Metallpfeil (Penetrator) mit Flossen oder Finnen stabilisiert. Der Durchmesser des Penetrators ist dabei deutlich kleiner als das Kaliber des Laufs, es handelt sich also um ein Unterkalibergeschoss. Auf diese Weise wird die Energie des Geschosses in dem dünnen Metallpfeil konzentriert und die Durchschlagskraft erhöht.

Derartige Munition stellt heute den letzten Entwicklungsstand von im Militär eingeführten großkalibrigen Wuchtgeschossen dar. Im Kaliber 15,2 x 169 mm beträgt das Geschossgewicht 35 Gramm mit einem darin enthaltenen 20-g-Wolfram-Penetrator. Bei Versuchen erreichte die Waffe eine Durchschlagsleistung von 40 mm Stahl auf 1.000 Meter. Die Flugbahn verläuft sehr gestreckt und auf diese Entfernung liegt der höchste Punkt nur 80 cm über der Visierlinie.

Zum Abmildern des Rückstoßes läuft der Lauf beim Schuss ein Stück zurück, wirft die Hülse aus und läd beim Vorlaufen eine neue Patrone aus dem fünfschüssigen, seitlich eingesteckten Magazin. Die Waffe im Kaliber 14,5 mm trug noch den Projektnamen »AMR 5075« (Anti-Material-Rifle). Das ausgereifte Modell im Kaliber 15,2 mm erhielt vom Hersteller die Bezeichnung »IWS 2000« (Infantry Weapon System). Bis heute blieb es jedoch bei diesen Prototypen, eine Serienfertigung wurde nie begonnen.

Technische Daten:	IWS 2000
Kaliber:	15,2 x 169 mm APFSDS
Länge:	180 cm
Lauflänge:	120 cm
Gewicht (ungeladen):	18 kg
Magazinkapazität:	5 Patronen

Im Jahre 2004 stellte die Steyr Mannlicher GmbH ein neues großkalibriges Scharfschützengewehr vor. Das erste Modell mit der Bezeichnung HS .50 war für das NATO-Kaliber .50 BMG (12,7 x 99 mm) eingerichtet und zunächst für eine rein militärische Verwendung gedacht. Die Waffe wurde als Einzellader ausgelegt, mit einem kaltgehämmer-

Die frühe Ausführung des AMR von Steyr Mannlicher im Kaliber 14,5 mm war für den gedachten Einsatzzweck zu schwach.

Das ausgereifte Modell im Kaliber 15,2 mm erhielt die Bezeichnung »IWS 2000« (Infantry Weapon System).

Ein Werbefoto zeigt, wie der Einsatz beim Bundesheer ausgesehen haben könnte. Doch das IWS 2000 wurde nie eingeführt.

Für Reinigung, Wartung und Transport ließ sich die Waffe leicht zerlegen.

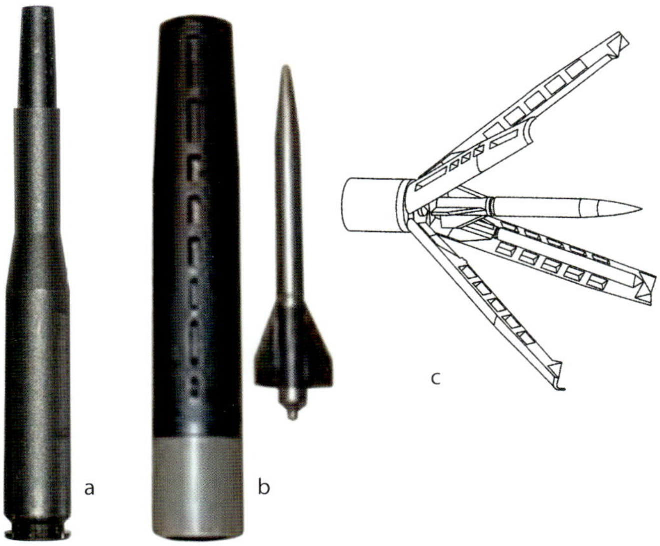

a.) Mit seiner speziellen Treibkäfigpatrone unterschied sich das IWS 2000 von allen anderen Anti-Material-Rifles.

b.) Das Geschoss enthielt einen 20 Gramm schweren, pfeilförmigen Penetrator aus Wolfram.

c.) Nach Verlassen des Laufs zerlegt sich der Plastikkäfig und der Penetrator wird im weiteren Flug durch seine Finnen stabilisiert.

Steyr Mannlicher brachte im Jahre 2004 das HS .50 auf den Markt.

Das HS .50 war wieder für gewöhnliche Patronenmunition im NATO-Kaliber .50 BMG (12,7 x 99 mm) eingerichtet.

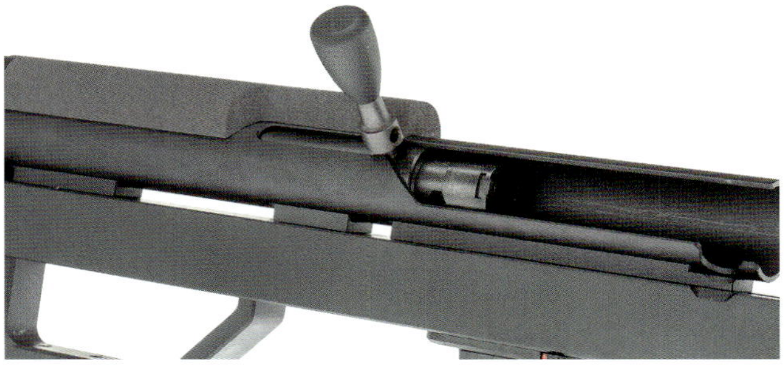

Blick auf Verschluss mit Spanngriff der HS .50. Alle Oberflächen sind sehr glatt gehalten, mit möglichst wenig hervorstehenden Bauteilen.

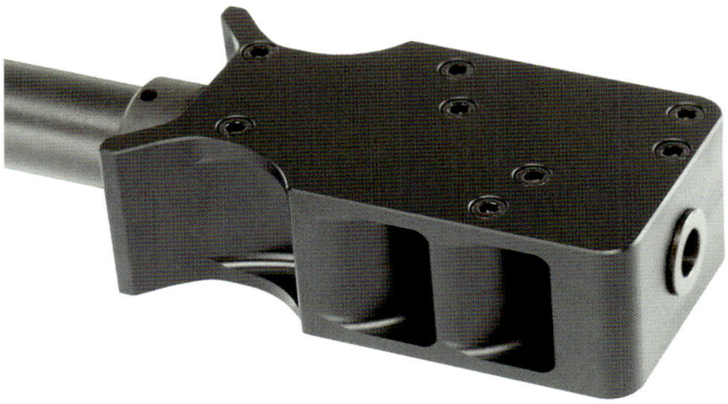

Die mächtige Mündungsbremse der HS .50 sorgt für ein angenehmes Schussverhalten.

ten gefluteten (Kühlrippen) Lauf, höhenverstellbarem Zweibein, effektiver Mündungsbremse und einer individuell auf die Bedürfnisse des Schützen einstellbaren Schäftung. Gute Schützen erreichen auf 1.000 Meter Entfernung einen Streukreis mit einem Radius von unter 14 cm. Auf der Picatinny-Schiene lassen sich diverse Optiken und andere Hilfsmittel montieren.
Das etwas überarbeitete Modell HS .50-M1 für den zivilen Markt verfügt über ein linksseitig ansteckbares Kastenmagazin für fünf Patronen, zusätzliche Picatinny-Schienen, ein verbessertes Zweibein und einen Erdsporn für einen sicheren Stand. Die Waffe blieb nach wie vor ein wartungsarmer, technisch einfacher Handrepetierer.
Da in manchen Ländern und einigen US-Staaten das Kaliber .50 BMG wegen dessen militärischer Verwendung für zivile Waffen verboten ist, fertigt Steyr Mannlicher die Waffe auch als Modell HS .460 für den Zivilmarkt im selber entwickelten Kaliber .460 Steyr (11,64 × 90 mm).
Das HS .50 und seine Varianten werden bis heute auf dem internationalen Markt angeboten und sie sind in fast allen Ecken der Welt zu finden. Selbst die russische Polizei und ihre Sondereinheiten erwarben Waffen aus Österreich. Für Pressewirbel sorgte der geplante Verkauf von 800 Stück in den Iran, nach dessen Genehmigung die US-Regierung 2005 ein zweijähriges Embargo von Produkten aus dem Hause Steyr Mannlicher verhängte.
Wie viele Waffen tatsächlich in den Iran exportiert wurden, ist nicht bekannt. Jedenfalls reichte es wohl nicht um den Bedarf zu decken. Iranische Ingenieure des staatlichen Rünstungskonzerns DIO konstruierten deshalb eine fast baugleiche, nicht lizenzierte Kopie unter der Bezeichnung »AM-50 Sayyad« (deutsch: »Jäger«). Die Waffe unterscheidet sich nur in Details, wie etwa dem 1,5 cm längeren Lauf und einem minimal höheren Gewicht. Durch die Konflikte in Vorderasien fanden viele Exemplare ihren Weg in andere Länder und dort in die Hände von Freund und Feind.
Mitte des Jahres 2019 begann auch Syrien mit der Herstellung einer nicht lizenzierten Kopie des HS .50. In Bezug auf die öfter umkämpften, von Syrien beanspruchten Golanhöhen, trägt die Präzisionswaffe den Namen »Golan S-01«. Die staatliche

Eine unbekannte Stückzahl der HS .50 wurde in den Iran exportiert. Der Auftrag sorgte für Ärger mit den USA.

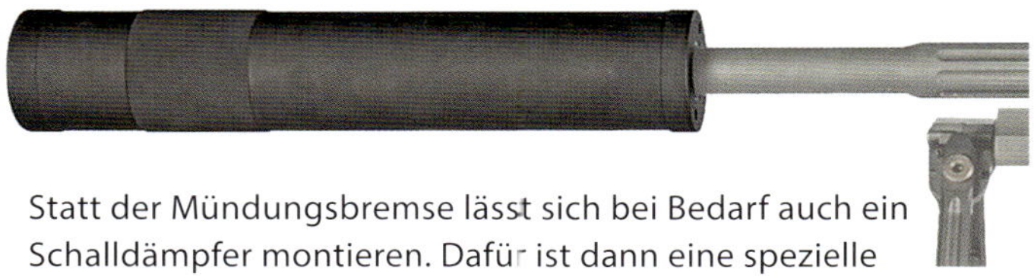

Statt der Mündungsbremse lässt sich bei Bedarf auch ein Schalldämpfer montieren. Dafür ist dann eine spezielle Munition erforderlich.

Das Modell HS .50-M1 wurde für den zivilen Markt entwickelt und mit einem fünfschüssigen Magazin ausgestattet.

Zerlegt lässt sich das HS .50-M1 in einem praktischen Hartplastikkoffer verstauen.

Syrian Defence Industries Corporation fertigt die Waffe fast baugleich, aber aus logistischen Gründen im sowjetischen Kaliber 12,7 x 108 mm. Sie ist etwas schwerer als das HS .50, wiegt 13,5 kg und ist auch 10 cm länger.

In unwegsamem Gelände hat der Schütze mit der über 20 kg schweren Waffe ganz schön zu schleppen.

1.000 Stück, welche bis Oktober 2008 ausgeliefert wurden. Die indische Armee und sonstige Sicherheitskräfte jedoch lehnten die Waffe wegen ihres hohen Gewichts von über 20 kg ab. Auf dem internationalen Markt wird die Waffe seit 2011 zum Stückpreis von knapp 20.000 Euro angeboten. Über erfolgreiche Exportgeschäfte ist aber bislang nichts bekannt geworden.

Übungsschießen der indischen Grenztruppen mit der Vidhwansak.

Technische Daten:			
Kaliber:	12,7 x 108 mm	14,5 x 114 mm	20 x 82 mm
Länge:	170 cm	200 cm	180 cm
Lauflänge:	110 cm	122 cm	100 cm
Gewicht (ungeladen):	25 kg	29 kg	26 kg
Magazinkapazität:	3 Patronen	3 Patronen	3 Patronen

Kurdistan: Zagros und Şer

Die kurdischen Volksverteidigungseinheiten (Yekîneyên Parastina Gel, oder kurz YPG) nutzen in ihrem Kampf gegen syrische und türkische Militäreinheiten, sowie eindringende ISIS/Daesh-Gruppen, selber gefertigte Anti-Material-Rifles namens Zagros (benannt nach dem gleichnamigen Gebirge) und Şer (zu Deutsch: Das Böse). Die Waffen werden aus Läufen der schweren russischen Maschinengewehre DSchK (Kaliber 12,7 x 108 mm) und KPV (Kaliber 14,5 x 114 mm) hergestellt.
Als Einzellader hält sich der Fertigungsaufwand in Grenzen und kann mit geringem Werkzeug- und Maschineneinsatz in kleineren Werkstätten durchgeführt werden. Die beiden Waffen sind vom Erscheinungsbild her sehr ähnlich und kaum zu unterscheiden. Im Einsatz zeigen sie sich auch unter widrigen Bedingungen recht zuverlässig.

Die Läufe des Zagros stammen vom russischen DSchK. Auf der Munitionsverpackung ist das Kaliber 12,7 mm erkennbar. [The Lions of Rojava]

Aus den Läufen erbeuteter Maschinenwaffen russischer Herkunft bauen die Kurden eigene Anti-Material-Rifles, wie hier das Zagros im Kaliber 14,5 x 114 mm. [The Lions of Rojava]

Übungsschießen mit dem Zagros. Als Zielfernrohr wird alles verwendet, was sich beschaffen lässt. [The Lions of Rojava]

Ein nicht unerheblicher Teil der kurdischen Kampfeinheiten besteht aus Frauen. [The Lions of Rojava]

Abwehr eines Angriffs der IS (Islamischer Staat) auf eine Stellung der YPG. In dem oft deckungsarmen Gelände ist eine weitreichende Waffe wie das Zagros sehr nützlich. [The Lions of Rojava]

Kurdische Kämpfer beim Auskundschaften von möglichen Zielen. Trotz der Fertigung unter einfachen Bedingungen sind die Waffen erstaunlich präzise und funktionssicher. [The Lions of Rojava]

WEITERE INTERESSANTE BÜCHER ZUM THEMA

Alexander Losert beschreibt alle wichtigen Maschinengewehre aus deutscher Fertigung, bis zum Ende des Zweiten Weltkrieges basierend auf dem ersten echten Maschinengewehr, dem amerikanisch-britischen Maxim.

144 Seiten, 150 Abb., 215 x 280 mm

ISBN 978-3-613-04122-6

€ 19,95 | € (A) 20,60

Michael Heidler beschreibt kompetent Typen, Funktionsweise und technischen Aufbau von Maschinenpistolen und deren Verbreitung.

128 Seiten, 220 Abb., 215 x 280 mm

ISBN 978-3-613-04186-8

€ 19,95 | € (A) 20,60

Michael Heidler beschreibt mit einem Streifzug durch die Welt der Selbstladegewehre die wichtigen Modelle, deren technische Besonderheiten sowie die Geschichte der halbautomatischen Gewehre und Karabiner.

128 Seiten, 200 Abb., 210 x 280 mm

ISBN 978-3-613-04333-6

€ 19,95 | € (A) 20,60

Dieser Band dokumentiert die Entwicklung aller wichtigen Karabiner, die im Zweiten Weltkrieg bei den kriegsführenden Ländern zum Einsatz kamen und beschreibt die Stärken und Schwächen ihrer Technik.

128 Seiten, 150 Abb., 210 x 280 mm

ISBN 978-3-613-04378-7

€ 19,95 | € (A) 20,60

Leseproben zu al
Titeln auf unsere
Internetseite